W0338719

Walter Bednarek

Greif Vögel

Walter Bednarek

Greifvögel

Biologie
Ökologie
Bestimmen
Schützen

Landbuch Verlag

Umschlagfoto: Jürgen Weber, Bad Münder

Fotos: Walter Bednarek, Rosendahl: S. 171 o.
Alfred Limbrunner, Dachau: S. 69, 77, 81, 101, 112, 117, 125, 132, 137, 145
Bernd-Ulrich Meyburg, Berlin: S. 116
Heinrich Meyer, Greven: S. 108
Bernhard Pöppelmann, Emsdetten: S. 141
Heiner Trommer, Freising: S. 191
Jörg Wagner, Vechta: S. 97
Manfred Woike, Haan: S. 76, 85, 89, 93 (2), 109, 121, 129 (2)
Winfried Wübken, Billerbeck: S. 171 u.

Zeichnungen: Hans J. Peeters, Kalifornien: S. 159, 162;
alle anderen von Bernhard Pöppelmann, Emsdetten

© Landbuch-Verlag GmbH, Hannover, 1996

Alle Rechte vorbehalten. Reproduktionen, Speicherung in Datenverarbeitungsanlagen, Wiedergabe auf elektronischen, fotomechanischen oder ähnlichen Wegen, Funk und Vortrag – auch auszugsweise – nur mit Genehmigung des Verlages.

Lektorat: Dr. Helge Mücke, Hannover
Gesamtherstellung: Landbuch-Verlag GmbH, Hannover

ISBN 3 7842 0537 2

Inhalt

Danksagung

Selbstverständlich kann ein Buch wie das vorliegende nicht ohne Mithilfe anderer Menschen oder Institutionen entstehen. Ihnen allen gilt mein herzlicher Dank – nur einige wenige kann ich hier besonders nennen:

Vor allem danke ich meiner Frau für ihren Langmut, ihre stets positive Unterstützung, ihre hilfreichen Anmerkungen nach Durchsicht des Manuskriptes.

Herrn D. Gazda danke ich für die Computergraphiken; dem Diplombiologen W. Sensen für die kritische fachliche Durchsicht; Herrn M. Musiol für die Reinzeichnung von Graphiken; Herrn J. Peeters für die beiden klassischen Zeichnungen zur Falknerei; Herrn B. Pöppelmann dafür, daß er keine Mühe scheute, den Band so hervorragend zu illustrieren.

Allen Fotografen danke ich besonders dafür, daß sie so großzügig und zuvorkommend ihre wertvollen Fotos zur Verfügung stellten.

Last not least danke ich dem Verlag und seinem Lektor für die große Geduld und die angenehme Zusammenarbeit.

Vorwort

Heute sind wir uns dessen bewußt: Greifvögel sind ein notwendiger Bestandteil des Naturhaushalts, sie nehmen eine wichtige ökologische Rolle ein. Große Artenvielfalt und hohe Siedlungsdichte bei den Greifvögeln in einer Landschaft signalisieren dem Biologen und dem Jäger eine hohe Qualität des Lebensraumes bzw. des Reviers.

Dieses Bewußtsein weiter zu fördern und sachlich zu begründen ist eine der Aufgaben des vorliegenden Buches. Die modernen Ergebnisse der Verhaltensforschung und der Ökologie werden ausführlich und allgemeinverständlich dargestellt. Außerdem werden zu jeder Art, die bei uns regulär vorkommt, Lebensweisen, Gefährdungsursachen, Schutzmaßnahmen, Verhaltensweisen, Aussehen und Bestimmungsmerkmale so beschrieben, daß ein Ansprechen der einzelnen Arten möglich ist und hilfreiche Hinweise für den Praktiker vorliegen.

In einem abschließenden Kapitel werden die Grundzüge der Falknerei dargestellt. Diese sehr alte jagdliche Kulturtechnik kann heute dazu dienen, weitere intime Einblicke in die Greifvogel-Biologie zu bekommen, damit unsere Kenntnisse zu erweitern, und für moderne Artenschutz-Managementmethoden die Voraussetzungen zu schaffen. Ein bloßer konservierender Artenschutz reicht heute nicht aus – in unseren nicht mehr intakten, vom Menschen mehr oder weniger stark beeinflußten Landschaften können nur aktiv eingreifende Schutzmaßnahmen die Bestände der Greifvögel wie auch anderer Lebewesen vor dem Aussterben bewahren.

Dafür soll dieses aus der langjährigen Erfahrung eines Biologen und Falkners verfaßte Handbuch eine entschiedene Hilfe bieten. Es richtet sich gleichermaßen an Biologen und Naturschützer, an Jäger und Falkner sowie an jeden naturkundlich Interessierten.

Einleitung

Die Einstellung des Menschen einer Industriegesellschaft zur Natur ist zwiespältig: Dem individuellen Töten von Organismen, wie es z. B. der Jäger praktiziert, stehen viele ablehnend bis feindselig gegenüber. Die ständige großräumige Vernichtung von Lebensraum und die schleichende Vergiftung von Organismen akzeptieren sie, wenngleich hier Ansätze einer Bewußtseinsänderung zu beobachten sind. Besonders die Stoffchemie einer Generation, die in den 40er und 50er Jahren verharmlosend „Pflanzenschutzmittel" entwickelte – wie u. a. das DDT (Dichlor-Diphenyl-Trichloräthan), Aldrin/Dieldrin (Heptachlorepoxid – HEOD) –, führte zur Vergiftung von Greifvögeln; insbesondere waren auf der Nordhalbkugel unseres Planeten Wanderfalken betroffen, aber auch Sperber, Habicht, Fisch- und Seeadler.

Durch das Versprühen in Naturkreisläufe eingeschleust, reicherten sich die auch als Pestizide bekannt gewordenen Spritzmittel in den Nahrungsketten der Greifvögel an und verursachten bei ihnen ein Krankheitsbild, das als „Pestizidsyndrom" in die unrühmliche Geschichte der Umweltvergiftungen durch den Menschen Eingang gefunden hat. Der Zusammenbruch ganzer Greifvogelbestände durch die Agrochemie (Pestizid-Crash) und Industriegifte, wie Schwermetalle und PCB's (Polychlorierte Biphenyle), wurde noch zusätzlich durch die direkte menschliche Verfolgung und Biotopverluste verstärkt.

Und so widersprüchlich es klingen mag: Erst durch ihr „Nicht-mehr-Vorhandensein" in Lebensgemeinschaften rückten die Greifvögel in das Bewußtsein des Menschen. Man erkannte ihre Bedeutung als Bioindikatoren, als Anzeiger für den Belastungsgrad der Umwelt, und da sie wie der Mensch Endglieder von Nahrungsketten sind, lieferten bzw. liefern sie auch einen Hinweis auf den Grad unserer Verseuchung. DDT und HEOD wurden in Deutschland (DDT: 1971 BRD; 1975 DDR) verboten und andere verwandte Stoffgruppen seitdem eingeschränkt ausgebracht. Wanderfalken, Habichte und Sperber erholten sich, doch aufgrund der Langlebigkeit dieser Gifte ist nur mit einem allmählichen Abklingen dieser Substanzen in Ökosystemen zu rechnen. DDT und seine Umwandlungsprodukte lassen sich deshalb immer noch in Sperber- und Wanderfalkeneiern nachweisen.

Der „Pestizid-Crash“ (wie man den Bestandszusammenbruch später in der Literatur nannte) führte zu einem gesellschaflichen Über- und damit Umdenken im Mensch-Greifvogel-Verhältnis: Eine Fülle von Forschungsprojekten wurde zu diesem Problemkreis ins Leben gerufen, Falkner glaubten in den 60er Jahren einige Greifvogelarten nur noch durch die Zucht vor dem Artentod retten zu können, und neue Länder- und Bundesgesetze trugen der neuen Situation Rechnung.

Leider blockieren teilweise kontroverse Interessengruppen aufgrund der unterschiedlichen Bewertung der Faktoren, die Greifvogelpopulationen negativ beeinflussen, eine sinnvolle, vernünftige Gesetzgebung und damit einen effektiven, ökologisch begründeten Greifvogelschutz; denn emotionale, sachlich nicht begründbare Vorurteile bestimmen manches Mal das Verhalten von Jägern, Falknern, Ornithologen und Artenschützern zueinander. Dabei müßten gerade sie als genaue Beobachter von Naturabläufen die Größenordnung der Zerstörung von Ökosystemen durch die Industriegesellschaft sehen, ein Ausmaß an Zerstörung, das Vorurteile gegenüber Gruppen mit im Prinzip gleichen Zielen eigentlich leicht beseitigen sollte.

Schonzeitverordnungen und Verbote bzw. Einschränkungen gewisser Pestizide stabilisierten Brutpaardichten von Habicht und Bussard, und sie ließen Wanderfalken- und Sperberbestände wieder anwachsen. Doch noch ist nicht zu überblicken, inwieweit eine zunehmende Gesamtbelastung der Umwelt durch den Menschen, wie bestimmte Methoden der Landwirtschaft, fortschreitende Industrialisierung, saurer Regen, Freizeitaktivitäten einschließlich „outdoor“-Sportarten u. a. in Zukunft zu einer solchen Verschlechterung der Aufenthaltsbereiche (Habitate) für Greifvögel in Ökosystemen führt, daß langfristig vor allem die Spezialisten, wie Wespenbussard, Wiesenweihen und Baumfalken, aber auch „Allerweltsarten“ wie Bussard und Turmfalke negativ beeinflußt werden.

Die Beurteilung eines Greifvogelbestandes unter Angabe zukünftiger Trends ist schwierig, wenn nicht unmöglich. Die Kenntnis der Ansprüche einer Art an die Umwelt, d. h. das Wissen um ihre ökologische Nische, kann aber helfen, frühzeitig Entwicklungen zu erkennen, da Verschlechterungen bzw. Verbesserungen der Ausstattung (Requisiten) ihres Habitates Hinweise auf zu erwartende Bestandsentwicklungen liefern können, lange bevor die Art selbst reagieren kann. Biotopschutz z. B. bei unseren Weihenarten, Nistplatzvorsorge und Nisthabitatmanagement beim Turmfalken, Baumfalken, Wanderfalken, See- und Fischadler, sind erfolgreiche, bestandsstützende Maßnahmen. Zucht und Auswilderung von Wanderfalken und Seeadlern können Restbestände unterstützen, und außerhalb Deutschlands werden durch diese modernen „Bewirtschaftungsmethoden“ in verwaisten Lebensräumen Wildpopulationen aus Menschenhand etabliert: Gänsegeier in Frankreich, Seeadler in Schottland und der Slowakei, Wanderfalken in den USA und Deutschland und Bartgeier in Österreich.

Derartige Managementmaßnahmen wurden auf der Nordhalbkugel unseres Planeten erst durch die unüberlegte Landnahme „zivilisierter“ Menschen erforderlich. Daß sie erfolgreich praktiziert werden können, ist den Ergebnissen der Greifvogelforschung zu verdanken, die in den 60er Jahren initiiert wurde, aufgrund der beängstigenden Bestandsrückgänge von Greifvogelarten. Insbesondere die Erforschung der ökologischen Nischen, das heißt, das Wissen um die Umweltbeziehungen von Organismen zu ihrer belebten und unbelebten Natur, war u. a. der Schlüssel zu einem positiven Verständnis für Greifvögel als eine der attraktivsten Vogelordnungen unserer Welt.

Aus den oben angeführten Überlegungen wird deutlich, daß nicht nur reine Artenkenntnis, sondern vor allem übergeordnete biologische Zusammenhänge zum Grundwissen eines jeden Ornithologen, Jägers und Naturfreundes gehören sollten, will er auch nur ansatzweise die komplizierten Wechselbeziehungen der Greifvögel in der Natur verstehen, Wechselbeziehungen, die erst in den Anfängen bekannt sind – dies sollte man fairerweise sagen.

Systematik

Noch immer fällt es Systematikern schwer, die ca. 290 Arten der Taggreifvögel so in eine Beziehung zu setzen, daß sie den wirklichen verwandtschaftlichen Verhältnissen entspricht. Man faßt die Greifvögel in der Ordnung *Falconiformes* (Greifvögel) zusammen und ordnet ihr in der Regel die Familien der Neuweltgeier *(Cathartidae)*, der Sekretäre *(Sagittariidae)*, der Habichtsartigen *(Accipitridae)* und der Falkenartigen *(Falconidae)* zu. Nur Arten der beiden letztgenannten Familien können in Deutschland beobachtet werden; das Bild des Greifvogels in unserer Landschaft wird von den *Accipitridae* bestimmt, wozu u. a. die Milane, Bussarde und Weihen gehören, wenn auch vom Begriff her Falken oder Adler in der Vorstellung des Menschen die typischen Greifvögel sind.

Von einigen Wissenschaftlern wird der Fischadler wegen anatomischer Sondermerkmale in eine eigene Familie *Pandionidae* eingeordnet.

Die Familie der Habichtsartigen – *Accipitridae*

Charakteristisch für alle Familienmitglieder ist die mehr oder weniger gewellte Kante des hakenförmigen Oberschnabels, die in Zusammenarbeit mit der Unterkante einen Scherenmechanismus bildet, der es dem Greifvogel erlaubt, Fleischstücke aus Beutetieren zu trennen, zu schneiden. In den unbefiederten Hautpartien des Oberschnabels, der sog. Wachshaut, befinden sich schlitzförmige, ovale bis rundliche Nasenlöcher, die in ihrem Inneren, im Gegensatz zu denen der Falken, keinen knöchernen Mittelhöcker besitzen. Die Farbe der Iris des Greifvogelauges ist variabel: braun bei geschlechtsreifen Adlern und Bussarden, sie leuchtet gelb beim Wespenbussard, gelb bis rot bei Habicht und Sperber, je nach Alter.

Das Auge ist, im Gegensatz zu dem der Falkenartigen, „überdacht", bedingt durch eine Knochenspange oberhalb des Auges. Da diese Stelle oft noch durch einen helleren Federstreifen (Überaugstreifen) betont wird, ergibt sich für diese Greifvogelgruppe der strenge, stechende, also typisch wilde „Raubvogel-

Porträt eines Habichts – als Beispiel der Familie der Habichtsartigen.

blick". Die Netzhaut der Greifvögel hat die höchstbekannte Sinneszellendichte bei Wirbeltieren. Da die Augen relativ groß sind und je zwei tiefe, konische Sehgruben besitzen, also eine lange „Brennweite" haben, ist das Auflösungsvermögen hervorragend, zumal noch ein gut ausgebildetes und vernetztes Nervensystem hinter den Sinneszellen, die hauptsächlich für das Farbsehen zuständig sind, für eine optimale Auswertung sorgt. Die Augen können unabhängig voneinander Bilder aufnehmen (Sehwinkel des Einzelauges 150°), der gemeinsame Sehwinkel beider Augen (binokulares Sehvermögen) nach vorne beträgt 50°. Ferner können noch 80 Bilder pro Sekunde als Einzelereignisse gesehen werden (Mensch kaum 20 Bilder pro Sekunde), d. h., Greifvögel würden die 24 Bilder pro Sekunde des Fernsehers gut als Einzelbilder registrieren.

Da mit der gebogenen Spitze des Oberschnabels auch Fleisch zerkleinert und zerrissen, Federn und Fell von Beutetieren gerupft werden kann, wird der Schnabel auch nach seiner Funktion etwas umständlich als Reißhaken-Schneide-Schnabel bezeichnet. Dabei muß man jedoch bedenken, daß er ebenso als Werkzeug zum Abbrechen von Zweigen und geschicktem Zusammenstekken der Äste beim Nestbau dient; denn die Habichtsartigen sind hervorragende Nestbauer, die entsprechend ihrem Verhalten deshalb auch als Horstgestalter beschrieben werden. Ferner ist der Schnabel ein Präzisionsinstrument, der kleinste Fleischstückchen, Atzungsbrocken, den Jungvögeln feinfühlig reichen kann.

Die Entwicklung der Schnabelform im Laufe der Stammesgeschichte zu einem „multifunktionalen Gebrauchsgegenstand" ist aber nur ein Kompromiß, wenn auch ein gelungener, der durch die verschiedenen Tätigkeiten in den einzelnen Funktionskreisen, wie Beuteerwerb und Fortpflanzung, erzwungen wurde. Je nach Nahrungsspektrum findet man deshalb auch bei den einzelnen Arten Schnabelvariationen in Abhängigkeit von der Beute, doch nur innerhalb der Grundform Hakenschnabel.

Entsprechendes gilt für die Ausprägung der Füße. Die Habichtsartigen töten ihre Beute durch „Kneten", einen festen Griff der Zehen (Grifftöter), der die Krallen in Kopf, Schulter oder Brustkorb eindringen läßt. Besonders die bei den meisten Arten – von Spezialisten einmal abgesehen – langen Krallen an den kurzen und kräftigen Hinter- und vorderen Innenzehen, wirken als Stilette am „kurzen Hebel", was zu einer günstigen Kraftübertragung und zum schnellen Verenden der Beutetiere führt.

Die kleinen und mittelgroßen Greifvögel machen in der Regel einmal im Jahr eine Vollmauser durch, d. h. sie wechseln alle Federn während der Fortpflanzungsperiode. Sperber mausern zwischen Mai und August, also in ca. 3 Monaten, Milane und Bussarde zwischen März und September, also in ca. 6 Monaten, und bei den Adlern werden nur immer Teile des Großgefieders während der Brutzeit vermausert. Aber alle Habichtsartigen beginnen mit der inneren 1. Handschwinge (HS), von wo die Mauser dann nach außen fortschreitet. Die Armschwingen (AS) werden ganz grob gesehen dagegen von außen nach innen gewechselt in unterschiedlicher Reihenfolge. Die Mauser beginnt mit der 1. HS – von innen nach außen gezählt – und einem Mauserzentrum (manchmal zwei) im Armflügel. Besonders die Großgefiederpartien können bei Adlern und Geiern aus Federn verschiedener Federgenerationen bestehen, da ein vollständiger Wechsel der Hand-, Arm- und Stoßfedern (ST) Jahre dauern kann. Während die Reihenfolge des Federwechsels (Modus) bei Männchen und Weibchen der selben Art gleich ist, so unterscheiden sie sich jedoch in dem zeitlichen Wechsel (Rhythmus) der einzelnen Feder: Weibchen mausern oft relativ schnell während der Brut- und Aufzuchtzeit, und der Federverlust kann so groß sein (Sturzmauser), daß sie, durch große Mauserlücken bedingt, unfähig sind, selbständig zu jagen. Die Männchen mausern langsamer, sie werfen die einzelnen Flügelfedern in einem größeren zeitlichen Abstand ab, und können folglich während der ganzen Fortpflanzungsperiode unbehindert jagen und Weibchen und Jungvögel während dieser Zeit versorgen (Arbeitsteilung der Geschlechter).

Die Familie der *Accipitridae* wird von den Systematikern in 11 Untergruppen gegliedert. In ihnen befinden sich Nahrungsspezialisten, wie der Fischadler, der Wespenbussard und der Schlangenadler, aber auch Steinadler, Habicht und Milane mit einem breitgefächerten Nahrungsspektrum. Die Geier als Aas- und Abfallverzehrer haben fast einen Sonderstatus.

Die Familie der Falken – *Falconidae*

Falken stellen in ihrem Erscheinungsbild eine verhältnismäßig einheitliche Gruppe dar. Die Füße dienen „nur" dem Fangen und Halten der Beute, nicht dem Töten, wenn man davon absieht, daß z. B. Wanderfalken nach einem Steilstoß Vögel derart hart mit den Füßen und Krallen treffen können, also „niederschlagen", so daß sie durch die Wucht des „Schlages" bei der Kollision und die dadurch verursachten Verletzungen bereits verenden können. Mit den Zehen greifen und halten sie die Beutetiere, vergleichbar dem Griff einer menschlichen Hand. Sie werden im Gegensatz zu den Habichten, Adlern, Weihen etc. – den Grifftötern – deshalb auch als „Griffhalter" bezeichnet.

Die Kanten des Oberschnabels besitzen eine Hornspitze, den Falkenzahn, der in eine entsprechende Kerbe des Oberschnabel paßt. Diese Ausformung unterstützt den Biß in den Nacken bzw. Hinterschädel, durch den das Beutetier getötet bzw. „abgenickt" wird, wie dieser Vorgang in der Fachsprache der Jäger und Falkner heißt. Entsprechend auch hier wieder die umständliche, wenn auch sinngebende Begriffsbildung: Reißhaken-Beißschnabel als Funktionsbezeichnung.

Das kreisrunde Nasenloch in der gräulichblauen unbefiederten Wachshaut bei Jungvögeln und in der gelben bei Altvögeln, hat in der Regel einen Knochenzapfen, der den Staudruck im Kopf,

Porträt eines Wanderfalken – als Beispiel der Familie der Falkenartigen.

bedingt durch die hohe Anströmgeschwindigkeit der Luft während des Jagd- bzw. Stoßfluges (der bei einigen Arten mit Spitzengeschwindigkeiten bis zu 300 km/h erheblich sein kann) verringert und ein Atmen während dieser Zeit ermöglichen soll.

Die Mauser der Falken unterscheidet sich deutlich von der der *Accipitridae.* Die Arm- und Handschwingen besitzen je ein Mauser-Zentrum (Focus). Als erste Federn fallen HS 4 und AS 5, und von dort schreitet die Mauser nach innen und außen in wechselnder Reihenfolge fort, wobei von den Handschwingen die 9. und 10. zuletzt geworfen werden. Die Stoßfedermauser beginnt immer mit den beiden 1. ST, den Deckfedern, und sie läuft dann jeweils nach rechts und links kontinuierlich bis zur 5. ST fort. Eine Ausnahme macht 6. ST, sie kann außerhalb der Reihenfolge geworfen werden. In bezug auf die Mauser stellen dic *Falconidae* eine sehr einheitliche Gruppe dar.

Nur drei Unterfamilien bilden die *Falconidae,* die Falkenartigen. Und die in Deutschland zu beobachtenden Arten sind Jäger des freien Luftraumes, selbst wenn sie, wie der Turmfalke, Mäuse am Boden schlagen: die Feldflur ist sein Jagdgebiet. Alle Falken haben spitz zulaufende Flügel, einen runden Kopf mit einem Auge, das nahezu schwarz wirkt, da die dunkelbraune Iris sich von

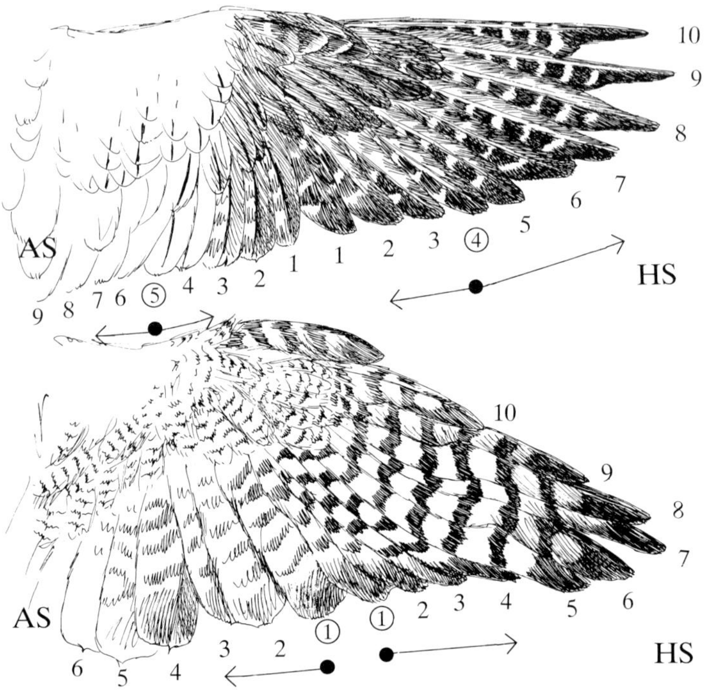

Ablauf der Mauser bei Merlin (oben) und Sperber (unten).
○ = Mauserzentrum

der Pupille kaum abhebt. Optisch vergrößert und kontrastiert wird dieses Sehorgan durch eine gelbe, unbefiederte, „nackte" Hautpartie, von der es umgeben wird. Dadurch entsteht der Eindruck, als ob der Kopf nur aus Augen bestünde, insbesondere dann, wenn das Kopfgefieder eng angelegt wird. Der Baumfalke als kleinster heimischer Brutvogel ist ein Schwalbenspezialist, der Wanderfalke schlägt Vögel von der Größe eines Sperlings bis hin zur Wildgans.

Eine Ernährungsbesonderheit der Falken, die bei den Habichtsartigen nur ausnahmsweise beobachtet wird, ist das Aufnehmen von kleinen Steinen (10 Stück und mehr). Sie dürften eine verdauungsfördernde Wirkung haben (verstärkte Reibung). Die Steine werden vom Boden (wenn Bäche vorhanden sind an deren Ufer) sorgfältig in bezug auf die Größe ausgewählt und aufgenommen (1000-g-Falken nehmen Steine im Durchmesser von 12 bis 16 mm,

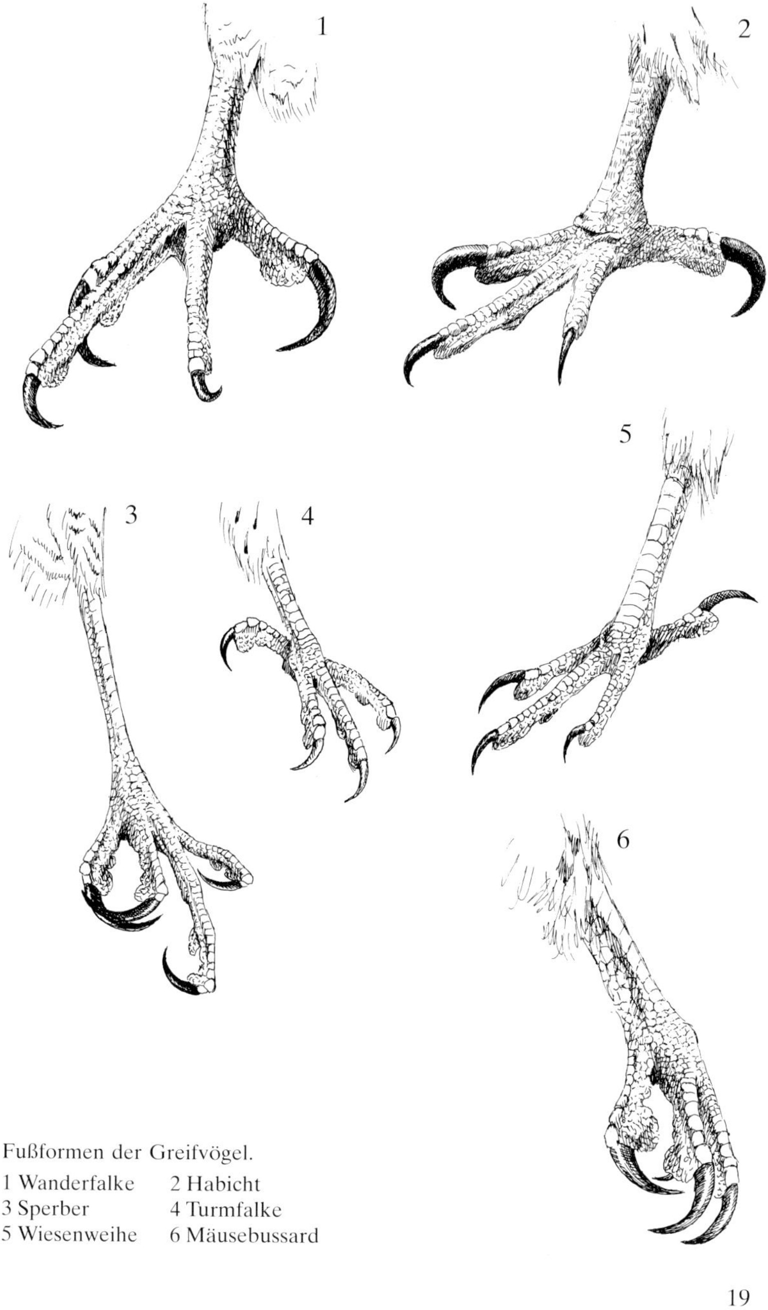

Fußformen der Greifvögel.

1 Wanderfalke 2 Habicht
3 Sperber 4 Turmfalke
5 Wiesenweihe 6 Mäusebussard

500-g-Falken solche von 10 bis 14 mm und 250-g-Falken von 4 bis 8 mm auf) und wie ein „Gewölle" am nächsten Tag ausgespien. Diese kleinen „Steinpakete" werden unabhängig von dem eigentlichen Speiballen (Gewölle), der aus unverdaulichen Feder-, Fell- und Hornresten bestehen kann, vor einer erneuten Nahrungsaufnahme – in der Regel einen Tag nach der Aufnahme – wieder ausgewürgt.

Falken bauen keinen Horst, sie sind Horstbezieher, die Nester anderer Arten übernehmen. Kleine Falken wie der Baum- und Turmfalke übernehmen z. B. Krähen- und Elsternnester, der Wanderfalke bezieht Horste des See- und Fischadlers, aber auch vom Mäusebussard, Rotmilan und Habicht. Selbst auf dem „bloßen" Boden von Felsenbändern und Höhlen, ohne jegliches Nistmaterial, finden Bruten statt. (Besonders für Falken ist das Nistplatzangebot oft der begrenzende Faktor für die Brutpaardichte. Nistkästen für Turm- und Wanderfalken und Kunsthorste für Baumfalken sind besonders geeignete Maßnahmen, Siedlungsdichten zu erhöhen.)

Biologie der Greifvögel

Geschlechtsdimorphismus – die Zweigestaltigkeit der Geschlechter

Eine auffällige und besondere Erscheinung bei den Greifvögeln ist der Größenunterschied der Geschlechter, d. h., Weibchen sind größer als Männchen. Der weibliche Habicht hat z. B. im Durchschnitt eine Masse von ca. 1150 g, das Männchen dagegen wiegt nur ca. 700 g, ist also in bezug auf die Masse um ein Drittel kleiner. Falkner bezeichnen die männlichen Greifvögel deshalb auch als Terzel (nach dem lateinischen tertius = drei). Diese Größenklassen der Geschlechter einer Art werden auch in anderen Maßen deutlich: Die Flügellänge des weiblichen Sperbers beträgt 23,5 cm, die des Männchens 19,5 cm bei einer Masse von 290 g und 150 g. Im Prinzip betrifft der Geschlechtsdimorphismus alle meßbaren Körperteile, jedoch ist er in der Regel am deutlichsten bei den Massenverhältnissen zu beobachten. Zusätzliche Geschlechtsunterschiede kann die Zeichnung und Farbe des Gefieders liefern, wie u.a. bei den Weihen. Das Alterskleid der männlichen Kornweihe ist taubenblau, das Weibchen dagegen hat als Anpassung an das Brüten auf dem Boden eine bräunliche Schutztracht (Mimese). Entsprechendes gilt für die Wiesen- und Rohrweihen.

Wenngleich im allgemeinen die Körpermaße zugunsten der weiblichen Vögel ausfallen, so gibt es doch auch Arten, bei denen Variationsbreiten auftreten, die eine Unterscheidung der Geschlechter nicht immer leicht machen: Der männliche Mäusebussard kann z. B. 800 bis 1100 g, der weibliche 870 bis 1300 g wiegen, je nach Jahreszeit und Körperzustand. Doch auch bei Arten, die sich im Alterskleid in der Gefiederzeichnung unterscheiden, können Bestimmungsprobleme auftreten, da die Geschlechter im ersten Kalenderjahr keine oder nur geringe Farb- bzw. Zeichnungsmusterunterschiede aufweisen, wie es beim Baum- und Turmfalken zu beobachten ist.

Warum gerade die Weibchen größer sind und nicht die Männchen, ist schwer zu erklären, wohl aber gibt es Deutungen, die die biologischen Auswirkungen dieses grundsätzlichen Phänomens plausibel erscheinen lassen: Durch die unterschiedlichen Größen nutzen die Geschlechter verschiedene Beutetiere, so daß sie sich innerhalb ihres Jagdgebietes keine oder doch zumindest nur geringe Konkurrenz machen. Dadurch können die Arten wahrscheinlich kleinere Reviere ausbilden, als es bei der Nutzung gleich großer Beutetiere für beide Geschlechter möglich wäre, und dies hat für die Art als Population den Vorteil hohe Siedlungsdichten in einem Lebensraum auszubilden, wodurch die Gesamtindividuenzahl der Art erhöht wird.

Ferner bedingt natürlich die Größe des Weibchens gegenüber dem kleineren Geschlecht eine gewisse Dominanz, wenn es um das Überlassen eines bevorzugten Ruheplatzes, der Beute oder um das Abdrängen des brutwilligen Männchens von dem Gelege geht. Natürlich stellt das Weibchen auch eine größere Energiereserve als das Männchen dar, die insbesondere während der Brut (hohe Energieabgaben an das Gelege zur Aufrechterhaltung der Bruttemperatur) bei schlechter Versorgung durch Nahrungsengpässe „körperlich" vom Weibchen eingesetzt werden kann. Auch für die Aufzucht der Jungen bringt die Größe denkbare Vorteile (Verteidigung gegen arteigene und andere Freßfeinde – Habichte sind z. B. „Kannibalinnen", Schutz-Huder-Stellung vor direkter Sonneneinstrahlung und Regen, Durchsetzen gegenüber heftig bettelndem Nestling u. a.).

Doch auch bei der Konkurrenz der Weibchen untereinander um Männchen haben große, kräftige Weibchen gegenüber kleineren einen Vorteil, indem sie auf kleinere Geschlechtsgenossen abschreckend wirken, sie aus nahrungsreichen Revieren „tüchtiger" Männchen vertreiben und sich so mit diesen Männchen paaren. Aufgrund der dann guten Versorgung schreiten sie eher zur Brut als andere Weibchen in schlechten Nahrungsrevieren, legen mehr Eier und haben mehr Junge, die letztlich auch eher erfolgreich aufgezogen werden. Alle gemachten Beobachtungen lassen den Schluß zu: Die natürliche Auslese bevorzugt bei den Greifvögeln große Weibchen mit hoher Nachkommenschaftsrate und kleine Männchen, die erfolgreiche Jäger sind.

Grundsätzlich muß aber festgestellt werden, daß der „Reversed Sexual Dimorphism" oder kurz RSD, wie er in der angelsächsischen Literatur genannt wird und wie auch diese Erscheinung im Deutschen immer häufiger bezeichnet wird, grundsätzlich bei den Arten am stärksten ausgeprägt ist, die schnelle, relativ große und agile, wendige Beute, wie es die Vögel sind, bevorzugen. Wanderfalke, Habicht und Sperber gehören in diese Kategorie, aber auch der Steinadler, Seeadler und bedingt die Weihen. Wespenbussard, Mäusebussard, Turm- und Baumfalke zeigen einen geringen RSD. Ihnen ist gemeinsam, daß sie kleinere Säugetiere oder Insekten erbeuten. Aber auch ausschließlich oder teilweise Aas verzehrende Greifvögel weisen einen geringen Größenunterschied in den Geschlechtern auf. Es besteht folglich eine direkte, enge Beziehung zwischen der Art der Beute und der Ausbildung der Größenklassen.

Anpassungen an den Beuteerwerb

Wie jeder Organismus, so stellt auch der Greifvogel eine Anpassung an seine Umwelt dar. Unter Umwelt ist die Gesamtheit aller Beziehungen zu verstehen, die der Greifvogel aus seiner Umgebung benötigt, um als Art überleben zu können. Ein Teil dieser Umwelt sind seine Beutetiere. Im Laufe der Stammesgeschichte hat eine wechselseitige Anpassung zwischen Greifvögeln und Beutetieren stattgefunden, wobei häufig übergewichtig der Aspekt des Greifvogels gesehen wird. Während dieser Entwicklung haben Beutetiere Gegenstrategien aufgebaut, die ihre Freßfeinde zum Teil an den Rand des Existenzminimums drückten, sie manchmal sogar verhungern ließen bzw. lassen. Die jährliche Todesrate (Mortalität) geschlechtsreifer Turmfalken kann 45 % und bei Vögeln im 1. Kalenderjahr 65 % betragen, die des Sperbers sogar bis zu 70 %. Mittelgroße Vögel leben länger: Von den Wanderfalken (älter als ein Jahr) sterben ca. 20 %, beim Bussard sind es ca. 32 % (im 2. Lebensjahr) und 19 % (älter als 2 Jahre) eines Jahrganges. Natürlich sind das nur ganz grobe Richtwerte, denn die Forschung ist gerade auf diesem Gebiet noch weit zurück, und genauere Angaben, u. a. auch der Todesursachen, sind immer noch kaum möglich. Viele sterben einfach, weil sie nicht in der Lage sind, erfolgreich genügend Beute zu schlagen. So ist die Mortalitätsrate beim Habicht im ersten Lebensjahr ca. 70 %, da viele einfach verhungern.

Jagderfolge

Von einigen Arten ist der Jagderfolg bekannt: Nur 10 % der Beuteflüge schließt der Baumfalke erfolgreich ab, 40 % der Habicht, 55 % der Turmfalke, und beim Fischadler sind es gerade noch 30 %. Doch diese Erfolgsquoten sind ganz grobe Richtwerte. Wetter, Beutetierkondition, Hungermotivation des Greifvogels u. a. können die Werte erheblich nach oben oder unten verschieben. Langandauernde Schlechtwetterperioden während der Aufzuchtzeit verringern den Beuteerfolg derart stark, daß die Jungvögel z. B. vom Wespenbussard, Baumfalken und Fischadler manchmal verhungern müssen. Zwar zeigt insgesamt die Aufrechnung der für die Jagd aufgewandten Energie gegen die durch die Beutetiere gewonnenen Energie eine positive Bilanz – dies muß auch so sein, denn sonst würde die Art aussterben –, doch das Energieplus scheint für einige Arten nur ein Überleben am Rande des Existenzminimums zu garantieren. Greifvögel setzen energiezehrende Jagdflüge (Energieverbrauch kann mehr als das 10fache des Ruheumsatzes betragen) deshalb auch sehr sparsam und gezielt ein. Ihre Aktivität ist oft genau synchronisiert mit dem Aktivitätsmuster der Beutetierpopulation. Für den Turmfalken konnte in Holland nachgewiesen werden, daß die Jagdzeiten deckungsgleich zu den Aktivitätsphasen der Mäusepopulationen waren. Außerhalb dieser Zeiten wird geruht und Gefiederpflege betrieben. Entsprechend wird auch das Jagdverhalten in Abhängigkeit vom Wetter eingesetzt. Bei Sturm und Windstille wird vom Ansitz, bei leichten, den Rüttelflug unterstützenden Windbewegungen den Mäusen aus der Luft nachgestellt.

So werden auch Revierteile mit geringen Jagdaussichten auf Erfolg gemieden, wodurch Gebiete innerhalb der Greifvogelterritorien existieren, die als Schutz- und Regenerationsräume für Beutetiere interpretiert werden können. Deutlich zeigten telemetrische Untersuchungen an drei benachbarten Habichtmännchen während der Brutzeit, daß sie bei ausreichendem Nahrungsangebot nur wenige Minuten in den frühen Morgen- bzw. Abendstunden flogen und immer die Orte aufsuchten, wo die für sie aussichtsreichste Beute (Ringeltauben im halbreifen Korn, geschwächte Brieftauben an einer Lebensmittelfabrik) vorhanden war. Von 22 beobachteten Jagdflügen waren 17 erfolgreich. Anders ist dagegen der Zeitaufwand bei Greifvögeln, die, wie z. B. der Turmfalke, über freien Flächen rüttelnd jagen. Die Flugjagd des Turmfalken kann dann maximal 4 bis 5 Stunden betragen. Bei längeren Jagdzeiten wäre der Energieaufwand des Jagdfluges größer als der Energiegewinn durch die Beute, und der Falke würde verhungern.

Körperbau

Die im vorigen Abschnitt angeführten Daten weisen darauf hin, daß Greifvögel einer starken Auslese unterworfen sind, einer Auslese, die von den Beutetieren ausgeht, die quasi als Kontrolleure die Fitneß ihrer Beutefeinde ständig „überprüfen". Zwar versteht die Biologie zunächst unter Fitneß den Beitrag, den ein Individuum zur nächsten Generation liefert, doch zur Fitneß gehört auch die Ausbildung der körperlichen, anatomischen Merkmale. So haben Beutetierarten unter Vögeln oder Säugern Einfluß auf die Entwicklung bzw. Ausformung des Greiffußes im Sinne eines Auslesefaktors, unabhängig davon, ob der Räuber (Prädator) zu den Habichtsartigen oder Falkenartigen gehört: Jagen Greifvögel Säuger, sind die Zehen kurz und kräftig und die Krallen der Innen- und Hinterzehen besonders stark ausgebildet, wie beim Steinadler, Habicht, Turmfalken und Mäusebussard. Jagen sie Vögel, besitzen sie lange, schlanke Zehen, insbesondere ist oft die Mittelzehe sehr lang und mit Halteschwielen versehen; die Krallen aller Zehen sind relativ klein und gleich groß, so daß ein Fuß existiert, der es erlaubt, befiederte, glatte Beutetiere zu greifen und zu halten. Deutlich ist diese Anpassung beim Baumfalken, Sperber und Wanderfalken zu erkennen.

Spezialisten unter den Greifvögeln haben auch „Spezialwerkzeuge". Der Fischadler kann seine Außenzehe nach hinten wenden (Wendezehe), so daß sie sich parallel zur Hinterzehe befindet. Dadurch bildet der Fuß, dessen Zehen noch zusätzlich mit griffigen Hornplatten und langen sichelförmigen Krallen versehen sind, eine „Zange", mit der die glitschigen Fische sicher über dem Rücken gegriffen und gehalten werden können. Natürlich gibt es auch weniger differenzierte Fänge, doch auch ihr Aussehen liefert dem Fachmann Hinweise auf die Ernährungsweise der Art.

Entsprechend der Jagdweise ausgebildet ist außerdem das Greifvogelbein, einschließlich des Mittelfußknochens. Bodenjäger der offenen, mit dichter Bodenvegetation bewachsenen Landschaft – z. B. die Weihen – besitzen lange Extremitäten, wie auch Habicht und Sperber, die in der Busch- und Waldlandschaft jagen. Oberschenkel, und insbesondere der Mittelfußknochen, sind relativ lang, so daß diese Arten Vögel, Säuger, Amphibien und Reptilien auch in der Deckung mit ihren langen Ständern noch ergreifen können.

Beim Wander- und Baumfalken – Jäger des freien Luftraumes – sind der Unterschenkel verlängert, Oberschenkel- und Mittelfußknochen aber kurz. Diese Beinkonstruktion wirkt, in Verbindung mit Sehnen und Muskeln, wie ein „Stoßdämpfer", der die hohe Aufprallgeschwindigkeit beim Schlagen der Beute in der Luft aus dem Stoßflug elegant abfedern kann. Darüber hinaus erlaubt dieser Bauplan des Beines, in Verbindung mit dem Becken, durch Vorschnellen der Extremitäten, die Stoßgeschwindigkeit zusätzlich zur absoluten Körpergeschwindigkeit zu erhöhen. Ein derartig geführter „Schlag" ist der Grund, warum neben dem Wanderfalken auch z. T. andere Greifvögel Beutetiere mit bedeutend größerer Masse überwältigen können, als es die eigene ist.

Jagdarten

Greifvögel sind durch die Vielgestaltigkeit ihres Aussehens attraktive Wesen, doch das, was sie so faszinierend für Ornithologen und Falkner macht, das ist ihr Flug und insbesondere der Jagdflug auf Beutetiere: Stundenlang kreisen Bussarde elegant in Thermikschläuchen, überbrücken Feldfluren im gemächlichen Ruderflug oder rütteln im leichten Wind schwerelos an Böschungen und über Wiesen. Sie gleiten von einem Ansitz oder aus dem Rütteln auf ihre Beute zu, sie sind sog. Gleitstoßgreifer; denn der unspezialisierte Segelflügel erlaubt ihnen keinen schnellen Verfolgungsflug, keinen Sprint, wie es der Sperber und Habicht mit ihren relativ kurzen, abgerundeten Flügeln aus dem Stand können. Sie sind Sprinter, die bei leichtem Rückenwind auf 80 bis 90 km/h beschleunigen können, sie sind Startfluggreifer, die Beute auf kurzer Strecke erjagen oder auf der „Pirsch" als Pirschfluggreifer überraschen. Hochleistungsflieger sind die Falken: Der Wanderfalke soll nach hohem, kreisenden Suchflug Geschwindigkeiten bis zu 350 km/h im Stoßen erreichen, doch auch im Horizontalflug können seine langen, schmalen Flügel auf über 100 km/h beschleunigen, eine Geschwindigkeit, die auch der Baumfalke erreichen soll, wenn er nur wenige Zentimeter über der Vegetation offener Moor- und Graslandschaften Schwalben oder Mauersegler, die er in weiter Entfernung gesehen hat, jagend überraschen will. Nach diesen Jagdeigenschaften werden Falken auch als Späh- und Stoßfluggreifer bezeichnet.

Jagen ist eine Instinkthandlung: Der Antrieb bzw. die Bereitschaft zu jagen wird einerseits bestimmt durch den Hunger (also durch

Jagdart des Wanderfalken.

ein physiologisches Defizit im Organismus) und/oder andererseits durch die Arbeitsteilung des Greifvogels im jahreszeitlich bedingten Fortpflanzungszyklus (Reproduktionszyklus). Jagen Greifvögel für ihr eigenes Energiebudget, so ist der individuelle Hunger die Motivation, Beute zu schlagen. Müssen aber Nestlinge oder vom Männchen ein brütendes Weibchen und später Junge versorgt werden, dann wird auch ohne Hungermotivation gejagt. Bettelnde Nestlinge und lahnende Weibchen bewirken u. a. die Beutemotivation als sogenannte „aufladende Reize“. Ist der Antrieb

Jagdart des Habichts.

genügend hoch, läuft die Instinkthandlung bei allen Greifvögeln (auch Greifsäugern) nach dem gleichen Muster ab. Zunächst sucht der Habicht oder Falke sein Jagdgebiet auf, in dem er eine mehr oder weniger deutliche (relative) Aktivität zeigt. (Kreisen beim Wanderfalken – Suchflug –, aber auch „ruhiges", aufmerksames Sitzen auf einer Felsenklippe.) Diese Aktivität wird als „ungerichtete Appetenz" bezeichnet, die den Eindruck erweckt, als ob die Tiere eine Beute (Reiz) suchen würden. Erspäht der Greifvogel nun wirklich eine geeignete Beute (Reiz I), jagt er sie gezielt an (gerichtete Appetenz) und versucht sie zu schlagen. Ist ihm das gelungen, stellt der Beutekörper selbst den (Reiz II) dar, der beim Falken den Tötungsbiß auslöst (das Durchbeißen der Halswirbelsäule wird auch dann ausgeführt, wenn ein Wanderfalke z. B. die Beute schon durch einen Schlag im Steilstoß getötet hat) oder bei den Habichtsartigen reflektorisch das „Totkneten", solange die Beute sich noch bewegt oder „Klagelaute" ausstößt. Ergreifen, Töten und Verzehren wird als instinktive Endhandlung bezeichnet. Diesem gesamten Verhaltensablauf liegen ererbte, artspezifische Handlungsprogramme zugrunde, die durch Lernvorgänge bis zu einem gewissen Grade verändert werden können.

Flugeigenschaften

Gute Segelflieger wie Adler, Geier und Milane besitzen neben einer großen Tragfläche stark eingekerbte äußere Schwungfedern, die wie „Finger" aus der Flügelfläche herausragen und beim Fliegen durch ihre große Elastizität aufgebogen werden. Dadurch sind die Flügelfedern treppenförmig hintereinander gestaffelt. Windkanalversuche haben gezeigt, daß dieses Konstruktionsprinzip – „Auffingerung" der Flügelspitze – Verwirbelungen (Turbulenzen) am Flügel stark mindert und den Auftrieb wesentlich erhöht, so daß der Greifvogel während des Segelns unter energetisch optimalen Bedingungen seinen Suchflug ausführen kann.

Natürlich hätte ein viel längerer und schmalerer Flügel, wie z. B. bei den modernen Segelflugzeugen oder beim Albatros, der außerhalb der Brutzeit segelnd über die Weltmeere gleitet, fast entsprechende aerodynamische Eigenschaften geliefert, doch bei Greifvögeln, als Bewohner von „Landbiotopen" wird deutlich, daß die stammesgeschichtliche Entwicklung des Bauplanes „Flügel" hier einen Kompromiß zwischen den verschiedenen Anforderungen gefunden hat – dazu gehören: aktives Fliegen, Segeln, Jagen und Lebensraumbedingungen. Dieser Kompromiß hat zu der genialen Erfindung des „Fingerflügels" geführt, der auch bei anderen Vogelordnungen, wie den Störchen, Kranichen, Geiern, Pelikanen etc. entsprechend (analog) verwirklicht wurde.

Was Greifvögel flugtechnisch leisten können, hängt zunächst einmal von dem sogenannten „Flügelindex" ab, der das Verhältnis von Flügellänge zur Flügelbreite angibt.

Sperber und Habichte mit relativ kurzen, runden Flügeln besitzen einen kleinen Index und sind folglich schlechte Gleiter oder Segler. Die langen, schmalen Flügel der Weihen, Milane und z. T. der Adler mit einem hohen Index, erlauben, gleitend oder segelnd ohne Flügelschlag große Strecken zu überbrücken.

In die Berechnungen muß natürlich auch das Körpergewicht mit eingehen, denn es bestimmt die Flügelbelastung, d. h. die Masse, die von der Flächeneinheit des Flügels getragen wird (Einheit: g/cm^2). Eine geringe Flügelbelastung, wie sie für Rot- und Schwarzmilan zutrifft, erlaubt einen langsamen, energiesparenden Flug. Eine hohe Belastung, die bei den Falken durch die stark ausgebildete und damit gewichtige Brustmuskulatur verursacht wird, ist die Voraussetzung für einen aktiven, schnellen Ruderflug oder rasante Jagdstöße bis zu 125 m/sec.

Aus dem Flügelindex und der Flügelbelastung lassen sich gut die Flugleistungen und Flugeigenschaften eines Vogels ablesen, jedoch nur bis zu einem gewissen Grade.

Auch die Stoßfedern spielen eine zusätzliche Rolle. Mäusebussard, Schell- und Schreiadler besitzen als Vögel des lichten Waldes mittellange und relativ breite Stoßfedern, die mit ca. 50 % der Flügelfläche eine typische Größenordnung für Greifvögel dieses Lebensraumes darstellen. Der Habicht, ein Jäger des dichten Waldes und schnellerer Tiere, hat einen langen Stoß (70 % der Flügelfläche) als Steuerruder. Greifvögel der freien, offenen Landschaft, die besonders fliegende Beute schlagen, haben oft sehr kurze Stoßfedern (Wanderfalke, Baumfalke). Gefächert können die Federn des Stoßes die „Tragflächen" vergrößern und dadurch den Auftrieb erhöhen. Die eigentliche Aufgabe dieses Organs besteht aber im Steuern und Lenken des starren Vogelrumpfes.

Fortpflanzung

Der Fortpflanzungszyklus der Greifvögel läuft wie bei allen Nesthockern ab: Balz, Eiablage, Brutzeit und Aufzucht der Jungvögel bis hin zum Selbständigwerden. Danach schließt sich eine reproduktionsfreie Zeit an, die häufig mit einer Nahrungsverknappung im Brutrevier einhergehen kann. Einige Arten, wie der Baumfalke, die Wiesenweihe, der Wespenbussard entkommen diesem Engpaß durch Fortzug ins Winterquartier, andere Arten durch Vergrößerung der Reviere bzw. der Jagdgebiete, wie es beim Sperber und Habicht zu beobachten ist, oder sie verstreichen in entferntere Lebensräume mit größerem Nahrungsangebot.

Geschlechtsreife

Die Geschlechtsreife der verschiedenen Greifvogelarten ist von der Körpergröße abhängig. Kleine Arten wie Merline, Turmfalken und Sperber schreiten häufig im 2. Kalenderjahr, noch nicht ganz einjährig, zur Fortpflanzung. Habichte, Bussarde, Milane und Weihen, also mittelgroße Vögel, sind zwar auch schon im ersten Frühjahr, das ihrer Geburt folgt, geschlechtsreif, doch sie brüten in der Regel erst in den folgenden Brutperioden. (Die Geschlechtsreife ist nicht immer identisch mit der Brutreife, dem Zeitpunkt der ersten Brut). Steinadler, Seeadler und Geier können frühestens nach 4 bis 5 Jahren zur Brut schreiten, da sie in diesem Alter erst geschlechtsreif sind, doch häufig verpaaren sich See- und Steinadler bzw. besetzen eigene Territorien, wenn sie 7 oder 8 Lebensjahre zählen. Bei den großen Arten wird das „Erwachsensein“ im Gefieder deutlich: Nach einem Jugendkleid (juveniles Kleid), dem ersten Konturfederkleid nach den Dunen, mit dem sie das Nest verlassen, mausern sie in mehreren Jahren über Zwischenkleider (immature Kleider) zu dem eigentlichen Alterskleid (adultes Kleid), das erst mit der Geschlechtsreife ausgebildet wird.

Balz

Die Paarbildung beginnt in unseren Breiten bei vielen Arten im Frühjahr – u. a. nach dem Besetzen der Reviere –, kann aber auch wie bei Habichten und Steinadlern im Herbst erfolgen, möglicherweise bei Zugvögeln auch im Winterquartier (Wespenbussard,

Habichtbalz.

Rauhfußbussard). Erhöhte Rufbereitschaft und „Schauflüge“ leiten das Balzgeschehen ein. Spektakuläre Flüge dienen einerseits dem gegenseitigen „Zur-Schau-Stellen“ der Geschlechter – signalisieren die Fitneß des Partners –, andererseits sind sie auch Demonstrationen, sog. Reviermarkierungsflüge, die das Territorium gegen Artgenossen abgrenzen und informieren, daß dieses Habitat besetzt ist.

Männchen schießen dabei in atemberaubenden Flugmanövern 10 bis 20 m senkrecht in die Höhe, um dann wieder steil „abzustürzen“, oder fliegen akrobatische Luftrollen. Wespenbussarde vollführen über ihren Revieren wellenförmige Flüge, auf deren Höhepunkten die Flügel oberhalb des Rückens mit den „Handge-

Balzflug der Rohrweihe.

lenken" zusammengeschlagen werden. Bei den Seeadlern stößt das Männchen auf das unter ihm fliegende Weibchen, das in einer Flugrolle sich auf den Rücken dreht und ihm dabei die Fänge entgegenstreckt. Beide berühren sich mit den Füßen, bleiben für Sekunden verkrallt und wirbeln dabei regelrecht durch die Luft.

Bereits zu diesem Zeitpunkt der Balz wird die Arbeitsteilung der Geschlechter deutlich, denn ein wichtiger Bestandteil der Balz ist das Füttern des Weibchens durch das Männchen. Greifvogelmännchen mit einer guten Jagdleistung und der Bereitschaft zur Beuteübergabe werden von den Weibchen bevorzugt, sind doch diese Eigenschaften des Greifvogelmännchens eine Voraussetzung für eine erfolgreiche Aufzucht der Jungen; denn da die Weibchen vor der Eiablage nicht mehr jagen und folglich vom Partner versorgt werden müssen, brüten gut genährte Weibchen früher, legen mehr Eier und ziehen mehr Jungvögel auf. Da auch kräftige Weibchen schwächere Geschlechtsgenossen vertreiben können, wirkt während des Balzverhaltens die Auslese in Richtung „Jagdtüchtigkeit" bei den Männchen und in Richtung Größe (Fettreserve) bei den Weibchen (s. Abschnitt über den Geschlechtsdimorphismus). Während dieser Zeit nehmen Weibchen mancher Arten bis zu 30 % ihres durchschnittlichen Körpergewichtes zu. Ferner dienen alle Balzaktivitäten der Synchronisation des Paares, die dann in der Eiablage, Brut und erfolgreichen Aufzucht der Jungen münden soll.

Ehestrategien – Fortpflanzungsgemeinschaften

Monogamie, Einehe, ist die häufigste Fortpflanzungsgemeinschaft bei Greifvögeln. Sie kann als Dauerehe angelegt sein (Steinadler, Wespenbussard) oder nur für eine Saison gelten. Ob Dauerehen und Saisonehen vorliegen, ist oft schwer zu entscheiden, da viele Greifvögel nach der reproduktionsfreien Zeit oft im Revier bleiben (Habicht) oder, wenn sie Zugvögel sind, zum selben Horst oder in das selbe Territorium nach dem Zug im Frühjahr zurückkehren (Baumfalke, Wiesenweihe). Eine andere Ehestrategie in der Stammesgeschichte der Greifvögel haben einige Weihenarten entwickelt: Kornweihen-Männchen können in ihren Revieren mit mehreren brütenden Weibchen (Polygynie) verpaart sein, die sie auch während der Jungenaufzucht versorgen. Dieses „Haremssystem" scheint eine Anpassung an Lebensräume mit hohem

Nahrungs- und Nistangebot zu sein, die durch Polygynie besser genutzt werden können, denn die Vermehrungsrate pro Revier wird dadurch erhöht. Ein Kornweihen-Männchen mit vier Weibchen hat im Durchschnitt 75 % mehr ausgeflogene Jungvögel pro Territorium als ein Männchen in Einehe.

Eizahl – Eiablage

Große Arten, wie die Adler, legen durchschnittlich zwei Eier, kleinere Arten, wie die Turmfalken oder Sperber, zeitigen Gelege aus 5 und mehr Eiern. Habichte, Mäusebussarde und Milane als mittelgroße Greifvögel haben eine Eizahl von 3 bis 4. Wenn ein Steinadler auch nur zwei Eier legt, so lebt er dafür länger als kleinere Arten (Steinadler: Lebenserwartung 25 Jahre und mehr; Gelege: 2 Eier. Sperber: Lebenserwartung 10 Jahre und mehr; Gelege: 5 bis 6 Eier). Beide Arten produzieren während ihres Lebens im Prinzip gleich viel Eier, wenn auch in unterschiedlichen Zeiträumen, d. h. der Individuenumsatz in der Generationenfolge ist bei großen Arten langsamer als bei kleinen. Unter „natürlichen" Bedingungen der Umwelt, unbeeinflußt vom Menschen, reichen die Eizahlen aus, die Todesrate (Mortalitätsrate) der Population auszugleichen. Ersichtlich wird aber auch, daß zusätzliche Negativfaktoren, die die natürliche Mortalität geschlechtsreifer Tiere erhöhen, sich besonders stark bei großen Arten mit einer langen Generationenfolge auswirken, daß aber einzelne Verluste der Gelege die Populationen am geringsten schädigen und ausgeglichen werden können – entweder durch hohes Alter oder große Gelegezahlen –, insbesondere wenn man noch berücksichtigt, daß viele Greifvögel bei Verlust – unter bestimmten Bedingungen – innerhalb von ca. zwei Wochen ein Zweitgelege zeitigen.

Neben der Artgröße haben auch der Ernährungszustand des Weibchens, das Beutespektrum und das Beutevorkommen einen Einfluß auf die Eizahl. Bei Greifvögeln, die sich von Nagern ernähren, verhalten sich die Eizahlen proportional zu den Populationsschwankungen der Mäuse: In guten Mäusejahren legen Bussarde 4, Turmfalken 6 bis 7 und Wiesenweihen 5 bis 6 Eier, in Jahren mit Mäusemangel beträgt das Gelege vom Bussard 1 bis 2, vom Turmfalken 3 und von den Wiesenweihen 3 bis 4 Eier, oder diese Arten schreiten allesamt überhaupt nicht zur Brut, setzen einfach aus. Über die Größe der Beutetierpopulation wird u. a.

bei Greifvögeln die Zahl der Eier (Jungen) und damit der Bestand reguliert. (Dies gilt aber nur, wenn das Beutetier kleiner als der Räuber ist.) Entsprechend schwanken die Populationen z. B. von Mäusebussard und Turmfalke phasenverschoben zu den Populationswellen der Kleinnager. Erst vermehren sich die Mäuse, dann reagieren die Greifvögel verzögert mit erhöhter Eizahl, brechen die Mäusebestände aus innerartlichen Gründen – in der Regel in einem 4-(5-)Jahres-Rhythmus – wieder zusammen, reagieren Bussard und Turmfalke (auch die Eulen) mit Aussetzen der Brut oder geringen Eizahlen.

Der Legeabstand beträgt 2 (bei kleineren Arten), 3 bei Habichten und 4 Tage bei Stein- und Seeadlern. Ferner ist die Brutzeit und die Gelegegröße abhängig vom Grad des Geschlechtsdimorphismus der Art (starker RSD bedingt längere Brutzeit im Vergleich zu gleich großen Arten ohne RSD) und von dem Zugverhalten. Zugvögel haben geringere Eizahlen und kürzere Brutzeiten, besonders noch dann, wenn sie sich zusätzlich von Insekten ernähren: Der Wespenbussard legt durchschnittlich 2 Eier und brütet 32 bis 34 Tage, der Habicht als Standvogel und Säuger- bzw. Vogeljäger 3 bis 4 Eier mit einer Brutdauer von 38 bis 39 Tagen, der Baumfalke, ein Fernzieher bis Südafrika, legt 3 Eier und brütet 28 Tage, und der nur auf dem Zug nach Afrika in Deutschland zu beobachtende Rotfußfalke bebrütet seine 3 Eier ca. 23 bis 24 Tage, also extrem kurz. Der gleich große Turmfalke dagegen bebrütet 29 bis 30 Tage seine 6 Eier (alle Angaben sind Mittelwerte).

Brutgeschehen

In der Regel brüten ausschließlich die Weibchen, die einen deutlichen Brutflecken (federlose, nackte Partien im Unterbrust- und Bauchbereich) besitzen bzw. eine durch Verdrehung des Brustgefieders gebildete Bruttasche ausbilden. Die Eier liegen im engen Hautkontakt z. T. auf den zusammengefalteten Zehen zwischen den Mittelfußknochen in der Bruttasche eingeschlossen. In den ersten Tagen nach dem Schlupf werden die Jungen von dem Weibchen gehudert. Die Männchen versorgen die Weibchen während dieser Zeit mit Beute, und nur dann, wenn letztere zum Atzen das Nest verlassen, bedecken die Männchen die Eier (Männchen ohne Brutflecken). Das Gelege wird bei den meisten

Arten vom vorletzten Ei an bebrütet. Einige Weihenarten beginnen sofort mit der Brut. Bei einer Eizahl von 4 bei der Wiesenweihe und einem Legeabstand von 2 bis 3 Tagen kann der Unterschied zwischen dem erst- und dem letztgeschlüpften Jungvogel 6 bis 9 Tage betragen. Oft verkümmer(n)t der/die Letztgeschlüpfte/n, wenn während der Aufzucht die Nahrung knapp wird. Doch in beutereichen Jahren sind die „Letztgeschlüpften" eine „Reproduktionsreserve", d. h.: Arten, die keine Zugvögel sind, können die Beutetiersituation während der langen Balzphase schon „einschätzen" und dementsprechend eine angepaßte Eizahl legen – Turmfalke und Mäusebussard. Arten, die wie die Wiesenweihe Zugvögel sind, können dies nicht, da sich Balz und Eiablage sofort nach der Rückkehr aus dem Winterquartier abspielen. Entsprechend wurden bei der Evolution der Art die Individuen von der natürlichen Auslese bevorzugt, die als Zugvogel relativ viele Eier legten und mit der Brut vom ersten Ei an begannen; denn dadurch wurde bzw. wird der Nachteil der späten Ankunft im Brutrevier mit einer extrem kurzen Balzphase, die es nicht erlaubt, eine langfristige Entwicklung der Beutetiere „zu beurteilen", wieder ausgeglichen. Die Wiesenweihe ist quasi „immer-angepaßt" an schwankende Nahrungsangebote, wenn auch mit dem Risiko, einen Teil des Erbmaterials manchmal „abschreiben" zu müssen.

Einen anderen Weg hat die Evolution beim Schreiadler, einem Weitstreckenzieher bis in die Savannen Ostafrikas, beschritten: Er legt nur zwei Eier, aus denen zunächst auch zwei Jungvögel schlüpfen, doch das erstgeschlüpfte Küken tötet bzw. verdrängt den anderen Jungvogel, ein Vorgang, der nach dem Brudermord zwischen Kain und Abel als Kainismus bezeichnet wird. Die Arterhaltungsstrategie ist hier anders als bei den Wiesenweihen gelaufen: Ein Jungvogel wird in dem kurzen Sommer der Nordhalbkugel optimal ernährt und speichert so sicher genügend Energiereserven für den Zug nach Ostafrika. Der Schreiadler, als eine große Art mit einer relativ kleinen Mortalitätsrate und hohem Alter (über 25 Jahre) investiert also viel Energie in das Überleben des Individuums und nicht in die große Zahl.

Nestlingszeit – Jungenaufzucht

Junge Greifvögel schlüpfen meistens mit einem weißen Dunenkleid, das von dichten Pelzdunen, die oft nur oberseits vollständig grau oder bräunlich sind, abgelöst wird. Die Dunen sind die locker

Nestlinge des Habichts; rechts zum Vergleich ein Nestling des Sperbers.

aufgesetzten Spitzen der eigentlichen Konturfedern, die letztlich die Gestalt des ausgewachsenen Vogels bestimmen, sie brechen während der letzten Wochen der Nestlingszeit allmählich ab. Mit älteren Vögeln besetzte Greifvogelhorste kann man an den im Geäst hängengebliebenen Dunen der Jungvögel erkennen (auch die brütenden Weibchen verlieren Dunen und Federn, doch nicht in den Größenordnungen wie die Nestlinge).

Während der Jungenaufzucht wird die Arbeitsteilung der Geschlechter am deutlichsten: Das Männchen versorgt das Weibchen und die Jungen mit Beute. Das Weibchen füttert, bewacht und beschützt die Jungen vor Feinden, aber auch vor Regen und Sonne und baut am Nest. Das Weibchen reißt aus der vom Männchen gebrachten Beute – Sperber und Habichte rupfen die Beute vollständig und bringen sie ohne Kopf zum Horst – kleinste Stücke und reicht sie den Jungvögeln. Feste Bestandteile, wie Knochen oder Federn, werden vom Weibchen verschluckt, aber auch viele Jungvögel schleudern in den ersten Lebenstagen angeborenermaßen harte Stücke aus, so daß quasi eine doppelte, beidseitige Schutzanpassung besteht, die eine Aufnahme unverdaulicher Stoffe durch den Jungvogel verhindert.

Die Nestlingszeit und die Dauer des Selbständigwerdens hängt von der Größe der Arten ab. Bei kleinen Arten entspricht die Nestlingszeit ungefähr der Brutdauer: Der Turmfalke brütet ca. 29 Tage, Nestlingszeit ca. 30 Tage (Verhältnis Brutzeit : Nestlingszeit = 1:1), entsprechende Zeitspannen gelten für den Baumfalken. Bei mittelgroßen Greifvögeln wie Rotmilan, Wanderfalke, Mäusebussard und Habicht ist die Nestlingszeit 30 bis 60 % länger als die Brutzeit (Verhältnis Brutzeit : Nestlingszeit = 1:1,3 [bis 1,6]), und der Seeadler hat eine Nestlingszeit von ca. 90 Tagen bei einer Brutzeit von „nur" 38 Tagen.

Selbständigwerden

Verlassen die noch nicht flugtüchtigen Greifvögel kurzfristig das Nest, spricht man von Ästlingen, wenn sie bei ihren Ausflügen auf den Nachbarästen des Horstes stehen, oder von Ausläufern, wenn sie Felsenhorste „zu Fuß" verlassen. Während des anschließenden Bettelflugstadiums erwarten sie die ihnen Beute zutragenden Elterntiere außerhalb des Horstes, fliegen ihnen entgegen, und gegen Ende dieser Entwicklungsphase übernehmen sie die Beute oft direkt von den Elterntieren in der Luft. Doch selbst dann kehren sie immer wieder zum Nest zurück. Während dieser Zeit sind die Jungvögel sehr ruffreudig und geben weit hörbare Bettellaute von sich. Für fast alle Greifvogelarten lassen sich während dieser Zeit leicht Brutnachweise erbringen, denn die Schreie liegen in einem solchen Frequenzbereich, daß sie selbst in schallschluckenden Waldhabitaten auf weite Entfernungen zu hören sind. Insbesondere der während der Brutzeit sehr heimliche Baumfalke kann durch die laut bettelnden Jungvögel, die beim Erscheinen der Eltern synchron rufen, im August leicht bestätigt

Bettelflugphase beim Wanderfalken.

werden. Die Dauer der Bettelflugperiode entspricht in etwa der Nestlingszeit.

Das Jagdverhalten der Greifvögel ist angeboren. Beim Wanderfalken und einigen Habichtartigen konnte ein „Trainieren“ der Jungen beobachtet werden, ein Vorgang, bei dem ein Elternteil die z. T. noch lebende Beute oberhalb der fliegenden und sie anbettelnden Jungvögel fallen läßt. Wenn sie diesen Vorlaß verfehlen, also nicht erreichen, fängt der Altvogel ihn oft ge-

schickt wieder auf und präsentiert ihn ein zweites Mal. Diese Übungen fördern zwar die Geschicklichkeit, doch sie sind keine zwingend notwendige Voraussetzung für die Ausbildung des Jagdverhaltens an sich. Sie fördern und erleichtern aber das eigenständige Jagen der Jungvögel und führen bereits frühzeitig zur Ausbildung der Jagdtechnik.

Alle Greifvögel jagen selbständig, auch ohne Anleitung, von einem gewissen Alter an; da die Ausbildung des Jagdverhaltens aber ein Reifungsprozeß während der Jugendentwicklung ist und sich kontinuierlich während der Bettelflugperiode entwickelt, sieht es wie gelernt aus. Doch erlernt werden nur Techniken des Jagens, Greifens und Haltens der Beutetiere. Wie schnell ausgeflogene Greifvögel erfolgreich jagen, mögen zwei Beispiele zeigen: Am 4. Tag nach dem Verlassen des Nestes wurde ein junger Baumfalke beobachtet, wie er Insekten griff, und ein Fischadler tauchte am 6. Tag im Sturzflug nach Fischen unter die Wasseroberfläche und schlug sie. Voraussetzung für das Auslösen des Jagdverhalten bei Jungvögeln ist, daß die Beute sich von ihnen fortbewegt. Ästlinge und Ausläufer (z. T. auch noch Vögel in der Bettelflugperiode) haben Angst vor ihren zukünftigen Beutetieren, wenn sie sich auf sie zu bewegen. Entfernt sich aber eine vermeintliche Beute, wird sie verfolgt, und wenn das entsprechende Alters- bzw. Entwicklungsstadium erreicht ist, festgehalten. Angeboren ist dabei, daß Greifvögel auf der Beute „nach vorne" wandern bzw. greifen, also in Bewegungsrichtung letztlich zum Kopf gelangen und sich dort festkrallen. Die Beute wird dadurch inaktiviert und kann von Grifftötern schnell „erdolcht" oder „erstickt" und von Falken „abgenickt" werden. Der sog. „Kopfgriff" wird folglich nicht gelernt, gelernt wird nur die Haltetechnik „am Kopf", die dann von Individuum zu Individuum verschieden sein kann.

Wie lange nun tatsächlich die jungen Greifvögel noch von den Elterntieren versorgt werden, ist schwer zu beurteilen, denn einige Arten bleiben auch noch nach dem Selbständigwerden in der Nähe des Elternrevieres und geben Bettellaute von sich, ohne aber versorgt zu werden, wie es z. B. häufig beim Mäusebussard zu beobachten ist. Andere Arten verstreichen sehr schnell aus dem Brutgebiet der Eltern, streichen aber in der näheren Umgebung umher und kehren ab und zu kurzfristig zum Geburtsort zurück (Habicht).

Viele Arten verlassen mit der Eigenständigkeit zunächst ihr Heimatgebiet und finden sich erst wieder mit der Geschlechtsreife ein, wo sie manchmal dann einen verunglückten Elternteil ersetzen oder freie Territorien in der Nachbarschaft besiedeln können (Wanderfalke, Baumfalkenmännchen, Habicht, Wespenbussard u. a.). Einige helfen sogar dann als „Dritte" am Nest bei der Versorgung der Brut (junge weibliche Wanderfalken, Weihen u. a.).

Wanderungen

Unter den Greifvögeln gibt es ausgesprochene **(obligatorische) Zugvögel.** Es sind Langstreckenzieher wie der Baumfalke, die Wiesenweihe, der Wespenbussard und der Schreiadler. Letzterer zieht knapp über den Äquator hinaus und überwintert in den ostafrikanischen Savannen, während der Baumfalke bis in die landwirtschaftlich intensiv genutzte Kapprovinz Südafrikas zieht, wo auch in den Eukalyptus- und Primärwäldern der Wespenbussard zu finden ist. Daneben gibt es noch die **Kurzstreckenzieher** wie Roter Milan, Turmfalke oder Sperber, von denen Teile der Populationen bereits in Südeuropa oder Nordafrika überwintern können.

Nach ihrem Zugverhalten unterscheidet man **Breitfrontzieher,** wie Fischadler, Weihen und Falken, deren europäische Populationen in breiter Front von Gibraltar bis Arabien nach Afrika ziehen und **Gleitzieher,** zu denen die Adler und Bussarde zählen. Sie ziehen möglichst über Land, lassen sich durch Thermikschläuche in große Höhen von mehreren hundert Metern tragen (300 bis 800 m), um dann in Zugrichtung gleitend den Weg fortzusetzen.

Zugwege der Greifvögel. Genaue Zugrouten können nicht angegeben werden, doch bedingt durch die Landschaftsstrukturen, gibt es insbesondere für breitflügelige Greifvögel, die große Strecken segelnd überbrücken, Verdichtungszentren beim Wegzug (verändert nach Newton 1979).

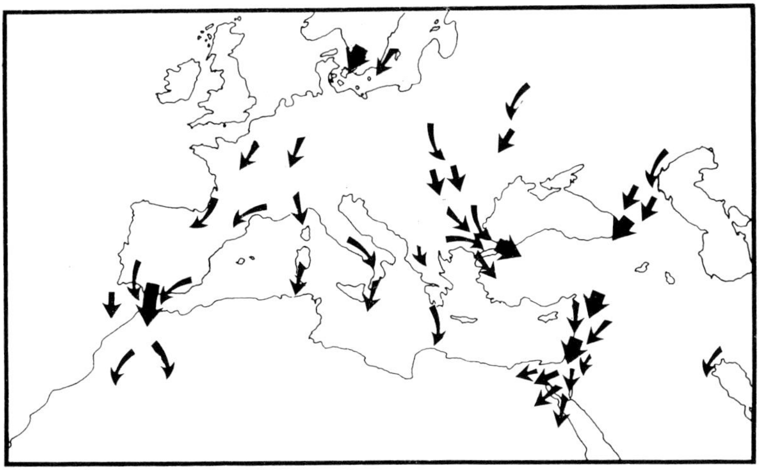

Besonders an den Meerengen des Bosporus und Gibraltars kommt es zu trichterartigen Verdichtungen des Greifvogelzuges. Die Verdichtung setzt sich über Israel fort, wo z. B. im Frühjahr 1985 fast 2 Millionen Greifvögel auf dem Zug beobachtet wurden. Warme, aufsteigende Winde wirken wie Lifte, heben ohne großen Energieaufwand die Vögel hoch, und auch das Abwärtsgleiten zum nächsten „Aufzug" kostet wenig Energie, so daß weite Distanzen des Zugweges mit einem Minimum an Energieverbrauch durchgeführt werden können.

Breitfrontzieher überwinden durch aktiven Ruderflug auch größere Wasserflächen, und es scheint, daß einige dieser Arten wie Wanderfalken, Merline und Weihen (Kornweihen, Rohrweihen) sogar nachts ziehen. Gebirge, Pässe, Flüsse und Küsten werden, besonders wenn sie in Zugrichtung liegen, zur Orientierung und energetischen Zugerleichterung, als sog. Leitlinien genutzt **(Leitlinienzieher).**

Andere Arten sind dagegen ausgesprochene **Standvögel,** die auch den Winter in ihren Brutgebieten verbringen. Dazu gehören Steinadler und Habichte. Nur bei extremer Nahrungsverknappung verlassen sie ihre Aktionsräume.

Im Prinzip beschreibt man aber mit den Begriffen wie Zugvogel und Standvogel nur die Extreme, denn innerhalb ein- und derselben Art kann es, in Abhängigkeit von äußeren Bedingungen – Nahrungsverknappung oder geographischer Verbreitung der Population selbst – zu einem unterschiedlichen Wanderungsverhalten **(Migrationsverhalten)** kommen, und da es noch zusätzliche Unterschiede in den Geschlechtern und den Altersgruppen geben kann, fällt eine begriffliche Zuordnung **(Stand-, Strich-, Zugvogel)** ausgesprochen schwer. Adulte Turmfalkenweibchen und einjährige Vögel des Turmfalken verstreichen nach Südsüdwest-Europa, während die adulten Männchen im Brutgebiet bleiben – mit Ausnahmen.

Darüber hinaus ist für Kornweihen, die nordischen Mäusebussarde, Merline und Rauhfußbussarde Deutschland sowohl Überwinterungs- als auch Durchzugsgebiet. Besonders der Rauhfußbussard tritt als **Invasionsvogel** verstärkt im Winter bei uns auf, wenn in seinem Brutareal die Nagerpopulationen, seine Hauptbeute, nach einem Höchststand **(Gradation)** – was zu einer hohen Vermehrungsrate des Bussardbestandes geführt hatte – zusammenbrechen. Die Invasionen treten parallel zu dem 4jährigen Populationszyklus der Mäuse auf.

Zusammenfassend kann man sagen, daß die Migrationen unserer Greifvögel in Raum und Zeit ihre Ursache in der Verteilung der Beute haben. So müssen insektenfressende Greifvögel im Winter immer unsere Breiten verlassen (Wespenbussard, Baumfalke). Greifvögel, die gleichwarme Tiere als Beute überwältigen (Steinadler, Bussard, Habicht, Turmfalke) können dagegen hierbleiben.

Welche entscheidende Rolle die Nahrung haben kann, hat man seit einigen Jahren beim Rotmilan beobachtet: Der früher teils als Kurzstreckenzieher, teils als Strichvogel einzustufende Milan überwintert immer häufiger, da die Industriegesellschaft seinen Lebensraum in Form von Mülldeponien nahrungs- und damit nährstoffreich **(eutroph)** gemacht hat. Die zusätzlichen Nahrungsvorräte **(Zivilisations-Ressourcen)** im Winter gestatten es ihm, hierzubleiben.

Ökologische Aspekte

Räuber-Beute-Beziehungen

Tiere derselben Art, die in einem Ökosystem einer bestimmten Region leben und sich untereinander fortpflanzen, gehören zu einer **Population** (oft auch als **„Bestand“** bezeichnet) bzw. **Fortpflanzungsgemeinschaft.** Daraus folgt, daß die Tiere einer Population in einem genetischen Austausch stehen. Wird von einer „deutschen“ Turmfalkenpopulation gesprochen, müssen auch die benachbarten Populationen mit einbezogen werden, denn Arten halten sich nicht an politische Grenzen.

Greifvögel produzieren während ihres Lebens mehr Nachkommen, als theoretisch für den Bestandserhalt notwendig ist. Im Prinzip brauchten immer nur zwei Individuen pro Paar geschlechtsreif zu werden, um den Platz der Elterntiere nach deren Tod einzunehmen, soll die Population konstant bleiben. Da Greifvogelpopulationen aber trotz des Überschusses nicht kontinuierlich zunehmen, müssen **Regulationsprozesse** vorhanden sein.

Turmfalken- und Mäusebussardbestände zeigen periodische Schwankungen in Anzahl der Brutpaare pro Flächeneinheit und entsprechende Veränderungen in der Zahl der ausgeflogenen

Jungen pro Paar und Jahr **(Fortpflanzungsrate).** Der zu beobachtende ca. 4jährige Rhythmus korreliert eng – steht im unmittelbaren Zusammenhang – mit dem Massenwechsel **(Gradation)** der Mäusepopulationen. D. h., daß die erreichbare Beutemenge u. a. verantwortlich für die Veränderungen im Greifvogelbestand ist. Diese **Populationswellen** können natürlich noch durch Witterungsverhältnisse, die einen besonderen Einfluß auf die Jungenaufzucht haben, modifiziert werden. In Jahren mit Mäusetiefpunkten schreiten einige Paare überhaupt nicht zur Brut, auch wenn sie gebalzt und sogar Nester gebaut haben. Viele verstreichen sogar oder verhungern, insbesondere die ausgeflogenen Jungvögel. In mäusereichen Jahren können 6- bis 7mal mehr Nestlinge ausfliegen als in einer beutearmen Brutsaison. Langfristige Untersuchungen haben darüber hinaus gezeigt, daß dennoch die Mäusebussard- und Turmfalkenbestände konstant bleiben, sie schwanken eben nur, wenn auch erheblich, um einen Mittelwert, befinden sich letztlich also in einem **ökologischen Gleichgewicht.**

Zwei Aussagen lassen sich von diesen Beobachtungen ableiten: 1. Kurzfristige Beobachtungen liefern keinerlei Aussagen über die Bestandsverhältnisse und 2. Greifvögel, die von kleinen Nagern abhängig sind – dies gilt auch für Eulen –, werden von den Beutetieren reguliert, und nicht die Räuber (Prädatoren) regulieren die Beute. Ferner spielen natürlich auch das Klima, Angebot an Nistmöglichkeiten, die Qualität des Lebensraumes, Feinde usw. und andere Greifvogelarten sowie Krankheiten eine Rolle.

Typisch für die oben beschriebenen **Räuber-Beute-Beziehungen** sind die oft periodisch wiederkehrenden Schwankungen der Greifvogelpopulationen, wobei die Räuber immer phasenverschoben hinter der Beute „herhinken“. Die früher daraus abgeleitete Beziehung: je mehr Bussarde, desto weniger Mäuse, weil sie von den vielen Bussarden gefressen werden, und je weniger Mäuse, desto weniger Bussarde, da die Bussarde keine Nahrung mehr haben, ist nur für diesen letzten Teil richtig; denn die Nagerbestände brechen aus innerartlichen Gründen zusammen (**Dichtestreß** und seine Folgen: Zusammenbrechen des Immunsystems und damit die Ausbreitung von Krankheiten, Rückbildung der Embryonen im Uterus, Kannibalismus, Auswanderung u. a.)

Mäusebussard: Seine Bestandsschwankungen hängen eng mit dem Massenwechsel der Mäusebestände zusammen. ▷

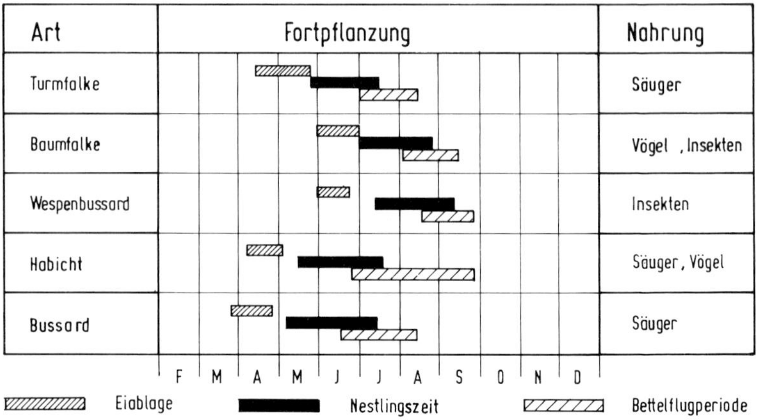

Greifvögel synchronisieren den Brutzyklus so, daß während ihrer Nestlingszeit und Bettelflugperiode, also zu Zeiten des größten Nahrungsverbrauchs, ihre Beutetierpopulationen die höchsten Individuenzahlen aufweisen. So brüten Greifvögel, die sich von Säugern ernähren, in der Regel früher als Vogeljäger und beide früher als Insektenfresser. Bei gleichem Nahrungsspektrum legen kleinere Arten oft später die Eier als größere und grundsätzlich spät brütende Arten – Zugvögel und Insekten-/Vogeljäger – haben dann noch einen kürzeren Fortpflanzungszyklus als entsprechend gleichgroße Säugetierjäger.

und nicht, weil die Räuber fast alle Mäuse erbeutet haben. Und die Mäuse vermehren sich auch anschließend nicht schnell, weil Mäusebussarde, Turmfalken, Eulen und andere Raubsäuger zahlenmäßig zurückgegangen sind, sondern ihre große Vermehrungsrate wird bestimmt durch die eigene geringe Siedlungsdichte, sie ist die Ursache und nicht die wenigen Prädatoren (kein Dichtestreß, genügend große Reviere und Nahrung etc.).

Andere Ursachen hat dagegen die Situationsbeschreibung bei den **Opportunisten** (Greifvögel, die jede Gelegenheit wahrnehmen, u. a. die erreichbaren Nahrungsressourcen zu nutzen) **und Generalisten** (Greifvögel, die nicht eine Nahrungssorte, sondern ein breites Nahrungsspektrum nutzen) unter den Greifvögeln, die nicht auf eine Beutetierart angewiesen sind, saisonal die Beute wechseln oder auch, je nach den Bedingungen, selbst Aas annehmen, also immer das jagen und fressen, was unter den momentanen Bedingungen am günstigsten für sie ist. Habichte, Stein- und Seeadler gehören in diese Kategorie. In Südschweden besteht das

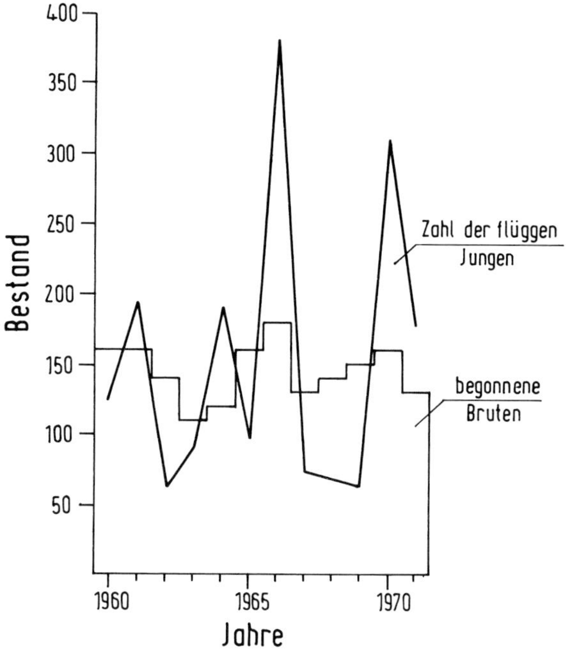

Greifvögel wie der Mäusebussard, die sich bevorzugt von einer Tierart, die kleiner als sie selbst sind, ernähren, werden von der Beute in ihrem Bestand reguliert; denn die Ei- und Jungenzahl hängt von der Erreichbarkeit der Nahrung ab. Da Mäusepopulationen in einem 4- bis 5jährigen Zyklus Gradationen aufweisen, schwanken auch die entsprechenden Bruten und Jungzahlen (inklusive Siedlungsdichten) in demselben Rhythmus (entsprechendes gilt für Turmfalke und Rauhfußbussard u. a.) (Verändert nach D. Rockenbauch 1975).

Beutespektrum des Habichts im Winter aus 40 % Vögeln (10 % Drosseln, 30 % Krähen), 39 % Kaninchen und 18 % Eichhörnchen. Im Sommer dagegen besteht es aus 29 % Drosseln, 37 % Krähen sowie 16 % weiteren Vögeln (Arten unbekannt), 8 % Eichhörnchen und 10 % Kaninchen. Opportunisten, die darüber hinaus aufgrund ihrer anatomischen Gegebenheiten eine große Artenzahl erbeuten können – Säuger, Vögel und ggf. Aas –, also auch Generalisten sind, können bei Nahrungsverknappung einer Beutequelle auf andere Spezies umsteigen. Ihre Siedlungsdichte und Jungenzahl wird nur bedingt durch die Nahrungssituation bestimmt, entsprechend zeigen sie auch keine oder nur geringe jährliche Populationsschwankungen und wenn, sind diese oft innerartlich bedingt **(Selbstregulation).**

Der begrenzende Faktor für diese Greifvogelbestände ist u. a. die **Selbstregulation.** In den Schweizer Alpen scheint die Steinadlerpopulation einen maximalen Wert erreicht zu haben, d. h. die **Lebensraumkapazität** ist durch die vorhandenen Brutpaare aufgefüllt. Unter diesen Bedingungen wird nicht die Beute zum regulierenden Faktor, sondern die hohe Dichte (in einer Untersuchung kamen auf 5565 km^2 51 Paare); denn die revierhaltenden Paare rücken eng zusammen, und mit erhöhter Begegnungswahrscheinlichkeit nimmt die Zahl der Territorialkämpfe und Revierdemonstrationen zu. Die Reviergrenzen werden verstärkt kontrolliert, und durch die noch zusätzlich in die Brutareale eindringenden Nichtbrüter werden neben den Männchen auch die Weibchen in die territorialen Auseinandersetzungen mit einbezogen, die ihre Horste verlassen, um den Eindringling zu vertreiben. Dadurch können die Eier so stark auskühlen, daß keine Jungvögel mehr schlüpfen. Der „Dauerstreß" mit den Nachbarn **(Dichtestreß)** und vor allem mit den Nichtbrütern kann Eizellen- und Samenzellenreifung verhindern, so daß einige Paare überhaupt nicht mehr zur Brut schreiten. Die durchschnittliche Fortpflanzungsrate wird dadurch erheblich gesenkt.

In der Schweiz sank z. B. die Ausfliegerate von 0,51 Junge/Paar/Jahr in den 70er/80er Jahren auf 0,38 gegen Ende der 90er. Ähnliche Zahlen gibt es für den deutschen Alpenraum.

Vergleichbare Beobachtungen liegen auch für den Habicht vor: Bei dieser Art werden durch die Revierkämpfe des Männchens die Jungen und das Weibchen nicht ausreichend mit Beute versorgt, was zum Verlassen der Brut (Energieaufwand des brütenden Weibchens ist höher als die durch die Nahrung zugeführte Energie) oder Verhungern der Nestlinge führen kann, und da auch das Weibchen oft mit in die Kämpfe einbezogen wird, können zu Beginn der Brutzeit die Eier des unbewachten Horstes von Rabenkrähen zerstört werden. Auf einer Untersuchungsfläche von 320 km^2 stiegt die Anzahl der Bruten von 7 Paaren pro 100 km^2 auf 11 pro 100 km^2 innerhalb von 4 Jahren, doch die Ausflugrate der Jungen sank von 2,7 pro Brutversuch auf 1,2 Junge/Paar /Jahr. Letztlich ist es bei diesen territorialen Arten der

Streß, bedingt durch hohe Populationsdichten und deren Folgen, der über die Fortpflanzungsrate die Siedlungsdichte bzw. Individuenzahl insgesamt reguliert **(Selbstregulation).**

Populationswachstum

In welchem Umfang sich zahlenmäßig eine Greifvogelpopulation ändert, hängt von der **Vermehrungsrate** ab. Die Vermehrungsrate wird bestimmt durch die Geburten bzw. die Todesfälle oder genauer durch die **Geburtenrate (Natalität** = Anzahl der Geburten einer Population innerhalb einer Zeiteinheit im Verhältnis zur Gesamtindividuenzahl) bzw. durch die **Sterberate (Mortalität** = Anzahl der Todesfälle einer Population innerhalb einer Zeiteinheit im Verhältnis zur Gesamtindividuenzahl). Die Differenz aus Geburtenrate und Todesrate ergibt die **Wachstumsrate** einer Population. Sind diese Größen bekannt, läßt sich das Wachstum (auch negatives Wachstum = Rückgang) für eine Population berechnen. Da Populationen in der Natur aber nicht eine geschlossene Einheit bilden, sondern immer Individuen auswandern **(Emigranten)** und Individuen einwandern **(Immigranten),** müssen sie auch bei der Wachstumsrate mit berücksichtigt werden, d. h. die Emigranten müssen abgezogen und die Immigranten dazugezählt werden.

Nur selten ist ein langfristiges, positives Wachstum natürlicher Populationen zu beobachten, es sei denn, neue Lebensräume werden besiedelt, oder wie bei den Greifvögeln, daß durch die Industriegesellschaft einige Arten fast vernichtet wurden und auf Restbestände zusammenschmolzen. Nach dem „Abstellen" der Gefährdungsursachen (direkte Verfolgung, Biozide) konnte in den folgenden Jahren ein typisches **logistisches Wachstum** festgestellt werden:

Biozide in Form chlorierter Kohlenwasserstoffe hatten in Deutschland Wanderfalken, Habichte und Sperber bis auf Restbestände vernichtet. Mit dem Verbot dieser Stoffe und Einführung einer ganzjährigen Schonzeit für Habichte konnte man ihre Entwicklung nun verfolgen. Das Wachstum dieser Populationen entsprach auch wirklich den klassischen Modellvorstellungen bzw. -rechnungen aus der Populationsökologie. Nach einem langsamen Anstieg, einer **Anlaufphase,** kam es nach 3 bis 4 Jahren zu einem starken, mit maximaler Vermehrung gekoppelten **(exponentiellen)** Populationswachstum der Habichte z. B. in NRW und

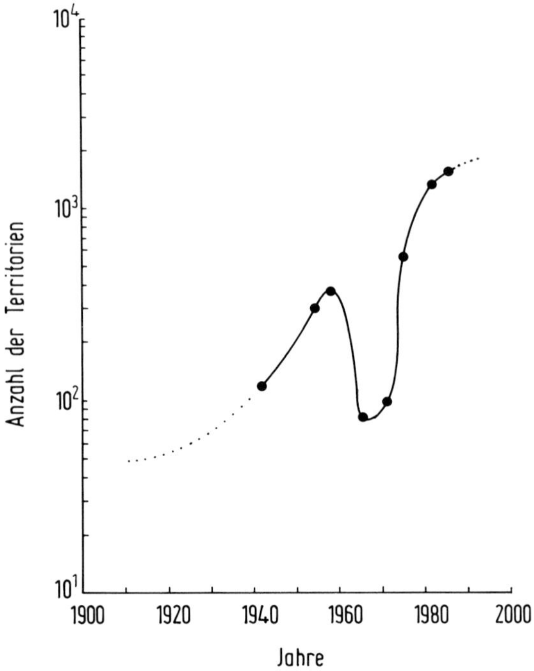

Die Entwicklung der Habichtpopulation in Holland – für Deutschland liegen nur fragmentarische Untersuchungen vor, aber die Entwicklung ist mit unseren Beständen vergleichbar – dokumentiert deutlich die Gefährlichkeit der Pestizide auch bei Greifvögeln mit kurzer Nahrungskette. In den 50er Jahren in die Landschaft ausgebracht, brach der relativ geringe Habichtbestand abrupt zusammen. Nach dem Verbot von DDT und HEOD in den 70er entwickelte sich die Population und wird möglicherweise im Jahr 2 000 alle möglichen Lebensräume besiedelt haben (verändert nach: R. G. Bijsmal 1989).

im Nachbarland Holland, oder ca. 5 Jahre nach den DDT/HEOD-Verboten zu einer exponentiellen Wachstumsphase des Wanderfalken zunächst in Baden-Württemberg und heute (1996) in anderen Teilen Deutschlands. Die Habichte erreichten bereits nach nur 7 Jahren des Schutzes und des Pestizidverbotes die **Kapazitätsgrenze** ihres Lebensraumes, wobei unter **Kapazität** das „Fassungsvermögen" eines Lebensraumes in bezug auf eine bestimmte Art zu verstehen ist. Die Kapazität ist eine Größe, die u. a. durch die erreichbare Nahrung, das Nistplatzangebot, andere konkurrierende Arten und das Klima bestimmt wird und die als wachstumsbegrenzende Faktoren eines Lebensraumes auf die Greifvogelpopulation wirken. Ihre Summe wird als Umweltwiderstand bezeichnet. Da dieser „Umweltwiderstand“ keine konstante Größe ist, sondern saisonal und von Jahr zu Jahr verschiedene Werte hat, schwankt die Habichtspopulation mehr oder weniger regelmäßig an der Kapazitätsgrenze entlang. Da Habichte, wie auch die meisten anderen Greifvögel, in der Stammesgeschichte Mechanismen ausgebildet haben, die eine **Überpopulation** verhindern, indem sie nämlich ihre Eizahl, Ausflugrate, Siedlungsdichte u. a. nach der Kapazität des Lebensraumes ausrichten, werden sie als **K-Strategen** (**K** steht für **K**apazität) bezeichnet. Sie besitzen also die Fähigkeit der **Selbstregulation.** Eine oft diskutierte Bestandsregulation von Habicht oder Mäusebussard durch den Menschen ist also überflüssig, verkennt sogar die Regelmechanismen der Ökologie und zeugt nur von einem egozentrischen und veralterten **Nutzen-Schaden-Denken.** Derartige Vorstellungen werden in der heutigen Gesellschaft begründetermaßen keine Akzeptanz mehr finden.

Verteilung im Raum

Langjährige Untersuchungen der Brutpaardichten verschiedener Greifvögel haben für fast alle Arten sehr stabile Verhältnisse gezeigt, trotz instabiler Umweltbedingungen oder direkter menschlicher Einflüsse. Auch bei regelmäßigem Abschuß von Wanderfalken- oder Habichtsweibchen am Horst – vor der Pestizidära – wurden die Verluste immer wieder sofort ersetzt, waren die Brutreviere immer besiedelt. Bestandsaufnahmen zeigten, daß die Horste nestbauender Arten, wie z. B. von Habicht, Sperber, Steinadler, Wespenbussard und Mäusebussard, gleichmäßig über die Landschaft verteilt waren, und die Horste untereinander hatten ungefähr den gleichen Abstand. Der Abstand selbst scheint, wenn ausreichend Nistmöglichkeiten gegeben sind, von der Menge der erreichbaren Nahrung abzuhängen. 2 bis 3 Habichtspaare auf 100 km^2 brüten in Kiefernwäldern auf kargem Sandboden oder in Monofichtenkulturen der Wirtschaftswälder, in Börden mit Parklandschaftscharakter können 10 bis 15 Paare pro 100 km^2 vorkommen. Bei Horstbeziehern, wie den Falken, ist das vorhandene Nistplatzangebot der begrenzende (limitierende) Faktor für die Siedlungsdichte. Entsprechend ist die Brutplatzverteilung nicht so gleichmäßig (homogen) über den

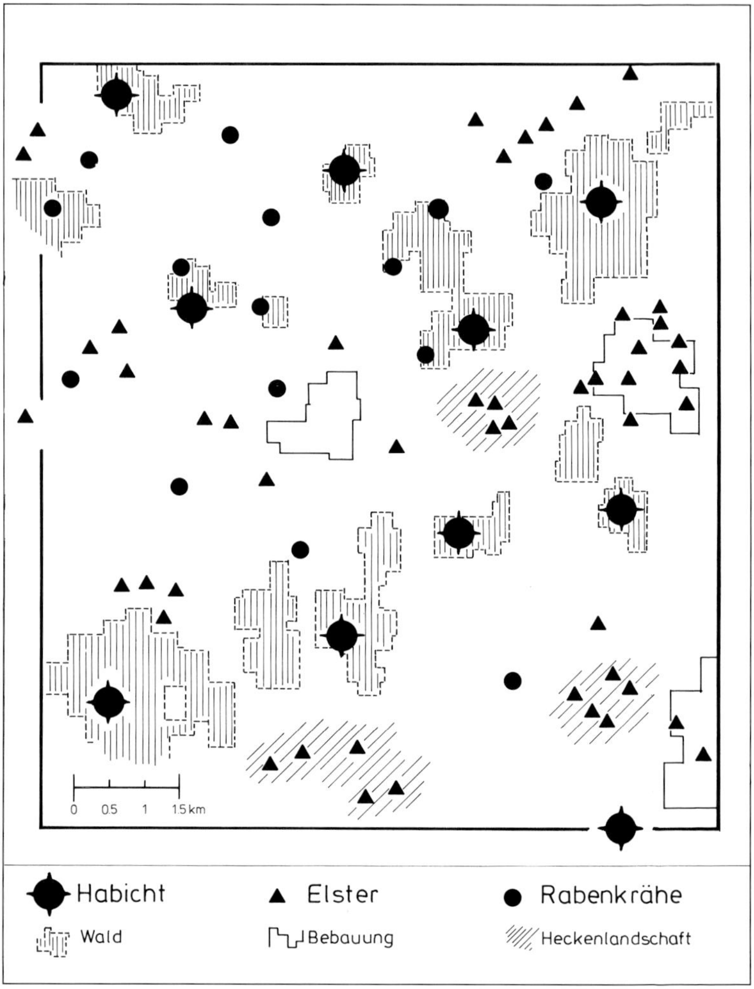

Bei intakten Greifvogelpopulationen sind die Nester gleichmäßig über den Biotop verteilt. Oft meiden Beutetiere den engeren Horstbereich. Dadurch wird auch die Ansiedlung dieser Tiere im Raum bestimmt und ihre Lebensraumkapazität festgelegt, wie die „Räuber-Beute-Verteilung" der Krähen- und Elstern- und Habichthorste zeigt. D. h., hier reguliert der Habicht die Verteilung seiner Beutetiere, wenn auch nicht durch den direkten Eingriff, sondern über das Vermeidungsverhalten der Beutearten selbst (W. Bednarek 1988).

(W. Bednarek [1988]: Gedanken zur Jagdsituation – Ökologie pur. Greifvögel und Falknerei 1988: 54–60)

Biotop verteilt (Klumpenverteilung, Zufallsverteilung), es sei denn, daß ausgedehnte Felsenlandschaften oder -bänder genügend potentielle Horstnischen aufweisen. Die Brutpaardichte der Greifvögel wird also primär durch die innerartliche Konkurrenz um Nistplätze bzw. um Reviere und Nahrung bestimmt.

Im allgemeinen geht man bei oberflächlicher Betrachtung davon aus, daß bei einer homogenen Brutplatzverteilung die Population intakt ist. Doch selbst, wenn über Jahre eine relative Konstanz in der Verteilung und/oder bei den Horstabständen (z. B. Wanderfalkenhorste entlang eines Flußtales) zu beobachten ist, kann man nur bedingt auf eine „gesunde" Population schließen, selbst wenn die Siedlungsdichten und auch die Anzahl der brütenden Altvögel hoch ist und alle potentiellen Reviere besetzt sind. (Es gilt die Regel, daß in wachsenden und sich ausbreitenden Populationen der Anteil der Jungvögel hoch und in stabilen relativ gering ist, da die Jungvögel gegenüber den Altvögeln keine Chance besitzen, ein Territorium zu besetzen und deshalb nicht zur Brut schreiten.) Denn wenn – wie durch DDT verursacht – die Fortpflanzungsrate gering ist, können in Greifvogelpopulationen noch über Jahre Altvögel brütend angetroffen werden – Greifvögel werden relativ alt, wenn sie die ersten Jahre überstanden haben – und scheinbar signalisieren, daß der Altersaufbau des Greifvogelbestandes optimal ist. D. h., kurzfristige Untersuchungen von Brutpaardichten erlauben keine Aussagen über den Zustand einer Greifvogelpopulation, genau so wenig wie kurzfristige Ab- oder Zunahmen. Nur wenn der Altersaufbau (im Idealfall eine **Alterspyramide** mit einer breiten Basis an Jungen- und damit Nichtbrüteranteilen und sich allmählich verjüngender Pyramidenspitze an älteren Jahrgängen) genau bekannt ist, darf man von intakten Beständen sprechen.

Unter **Revier** oder **Territorium** versteht man den Bereich, der normalerweise gegen Artgenossen verteidigt wird. Häufig werden Konkurrenten nur aus dem näheren Horstbereich **(home-range)** vertrieben, und die Jagdgebiete benachbarter Paare überschneiden sich. Doch können unter optimalen Bedingungen alle Aktionsräume (Jagdgebiete) Territorien (home-range) sein, wie es z. B. bei Habicht- und Sperbermännchen während der Brutzeit nachgewiesen wurde. Zwischen den Grenzen scheint es ein „Niemandsland" zu geben, das nicht bejagt wird. Darüber hinaus haben Arten mit großem Sexualdimorphismus geschlechtsgebundene Reviere – Weibchen größere als Männchen –, die im Winter dann zu Aktionsräumen vergrößert werden können. Aktionsräume, die nicht mehr verteidigt werden und die sich überlappen, wie es beim Sperber, Habicht und Mäusebussard der Fall ist, sind als Anpassung an ein verknapptes Beuteangebot zu verstehen. Andere Arten, wie z. B. Turmfalken, Rotfußfalken, können in Kolonien brüten, aber auch bei mehr oder weniger territorialen Arten kann es durch ein großes Beuteangebot zu extrem hohen Dichten kommen (Fischadler, Schwarzmilan, Wanderfalken: auf 12,5 km Flußstrecke konnten 7 Horste des Falken festgestellt werden).

Ökologische Nischen – Nahrungsnischen

In abwechslungsreichen, stark strukturierten Landschaften Mitteleuropas können zehn und mehr Greifvogelarten nebeneinander als Brutvögel festgestellt werden. Trotz dieser Artenvielfalt machen sie sich keine Konkurrenz und können gleichzeitig existieren, obgleich manche von ihnen ähnliche Nahrungsansprüche haben, wie Habicht und Sperber oder Korn-, Wiesen- und Rohrweihen, oder gleiche Nisthabitate, wie Mäusebussard, Wespenbussard, Habicht und Roter Milan u. a.

Doch eine genaue Analyse der Ansprüche der Greifvogelarten an die Umwelt zeigt, daß z. B. trotz gleicher Beutewahl die Arten ihre Nahrung verschieden nutzen. Der Habicht jagt als Ansitz- oder Pirschjäger im Überraschungsflug auf dem Boden sitzende oder auffliegende Tauben. Vielfach ohne spezielle Auslese, greift er mehr oder weniger „gleichmäßig“ in die Beutetierpopulation ein; denn aus der Überraschung heraus werden z. T. zufällig Tiere erbeutet, auch unabhängig von ihrem körperlichen Zustand – dieser Zufallseffekt spielt aber nur für Bruchteile von Sekunden eine Rolle; ist der Anflugweg länger, entscheidet er sich im Sinne einer Auslese (während aus der Ansitzjagd in der Regel direkt Auslese wirksam wird). Der Wanderfalke stößt dagegen auf Tauben im hohen Luftraum und wählt und schlägt bevorzugt die schwachen, kranken, mausernden oder anders gefärbten Individuen aus einem Schwarm. Er schöpft verstärkt die **„Außenseiter“** der Beutepopulation ab. Das bedeutet, daß Habicht und Wanderfalke trotz der Nutzung gleicher Nahrungsressourcen, aber mit verschiedenen Jagdstrategien, unterschiedlich in die Beutepopu-

Beutcerwerb des Sperbers – in Koexistenz mit dem Habicht.

lation eingreifen und sich dadurch nur geringe **Konkurrenz** machen. Die evolutiv bedingte **Konkurrenzvermeidung** hat zur **Koexistenz** zweier verschiedener Räuber im gleichen Lebensraum geführt, bei gleichzeitiger Nutzung ein und derselben Beute. Zwar jagen diese Greifvogelarten auch andere Tiere, doch bei der Taube überschneiden sich die Ansprüche erheblich.

Ein anderes Prinzip der Konkurrenzvermeidung im selben Biotop ist die Ausbildung von **Größenklassen,** bei ansonsten gleichen Jagdtypen. Habicht und Sperber, Greifvögel mit ähnlichem Habitus, im gleichen Lebensraum und mit z. T. entsprechend gleicher Beute, haben im Laufe der Stammesgeschichte als Arten, und innerhalb der Art in bezug auf das Geschlecht, zwei Größenklassen ausgebildet. So wiegt das Habichtweibchen 1150 g, das Männchen 750 g; das Sperberweibchen 280 g und das Männchen 150 g. Die Gewichte zeigen also eine deutliche Staffelung und entsprechend dieser Staffelung sind die Beutetiergewichte der Arten bzw. der Geschlechter. Zwar sind die Beutearten für Habicht und Sperber identisch, doch 77,4 % der Sperberbeute liegt unter 40 g und 94 % der Habichtsbeute über 40 g, so daß eine direkte Konkurrenz um Beute in ein und demselben Lebensraum fast vermieden und eine **Koexistenz** möglich wird. Ökologisch könnten Habicht und Sperber als vier verschiedene Prädatoren definiert werden, mit vier **„Nahrungsnischen".** Durch das **„Größen-**

klassenprinzip“ werden die Beutepopulationen „gleichmäßig“ abgeschöpft, eine einseitige **„Übernutzung“** ist kaum möglich, und Konkurrenz wird vermieden. In Wirklichkeit sind die Nahrungsnischen noch bedeutend vielgestaltiger, denn saisonal auftretende Beutetierschwankungen werden berücksichtigt, indem die Beuteart am stärksten bejagt wird, die auch am häufigsten auftritt oder am leichtesten erbeutet werden kann (Habicht und Sperber sind Opportunisten).

Durch unterschiedliche Brutzeiten (Habicht Anfang April, Sperber Anfang Mai) und durch die Arbeitsteilung der Geschlechter, treten noch zusätzlich **Einnischungen** auf. Während der ersten Monate jagen nur die Terzel bzw. die Sprinze, die das „untere Ende“ ihrer jeweiligen Habicht/Sperber-Beutetiergewichte abschöpfen. Da bei beiden Arten bis weit in die Jungenaufzucht ausschließlich die Männchen Nahrung heranschaffen, können sie auch im Mai/Juni, neben adulten Kleinvögeln, auch von großen Arten Jungvögel und Jungsäuger erbeuten, die später vom Weibchen als Alttiere genutzt werden (Habicht und Sperber in ihren jeweiligen Beutegrößen). Da die Weibchen aber brüten bzw. die Jungen aufziehen, jagen die Männchen jetzt „konkurrenzlos“ die Beutetiere (wenn auch als Junge) des Weibchens. Da diese Tiere aber generell größere Beutegewichte haben, werden auch die Brut und die Jungen besser versorgt. Erst wenn die Weibchen wieder jagen, tritt Konkurrenz um Beute ein, doch zu diesem Zeitpunkt Juni/Juli sind genügend große Beutetiere für das „große“ Geschlecht und ausreichend kleine Beutetiere für das „kleine“ Geschlecht vorhanden.

An diesem Beispiel wird deutlich, daß Arten nur nebeneinander in demselben Lebensraum existieren können, wenn sie die Umwelt unterschiedlich nutzen und wenn sie im Laufe der Evolution Konkurrenz durch Einnischung vermeiden konnten. Konkurrieren Arten um ein und denselben Faktor in ein und derselben Weise, schließen sie sich aus **(Konkurrenzausschlußprinzip).**

Ähnliche Nischenbildungen finden wir bei den drei Weihen, die alle relativ nahe nebeneinander brüten können. Die Wiesenweihen, als kleinste Weihen, sind ausgesprochene Weitstreckenzieher, und sie brüten entsprechend sehr spät (Mai/Juni), wenn die Rohrweihen (Kurzstreckenzieher) schon Junge haben und die Kornweihen noch auf den Eiern sitzen. Zu dieser Zeit jagen dann

Rohrweihe, oben Männchen, unten Weibchen: Bei der „Nischenbildung" (bezogen auf die Nahrung) spielt auch der Geschlechtsuntersechied eine Rolle.

männliche Wiesen-, Korn- und Rohrweihen und weibliche Rohrweihen. Da Weihen auch einen starken Größenklassengeschlechtsdimorphismus (RSD) aufweisen, und auch die drei Weihenarten an sich noch größenmäßig gestaffelt sind (Wiesenweihenmännchen < Kornweihenmännchen < Rohrweihenmännchen < Rohrweihenweibchen), jagen alle drei Arten zwar gleichzeitig, aber konkurrenzlos; denn entsprechend ihrer Körpergröße erbeuten sie unterschiedlich große Tiere. Ferner jagen Rohrweihen bevorzugt in Nestnähe und Wiesenweihen auch vom Nest entfernt (über 10 km). Die Kornweihe steht gewichtsmäßig zwischen beiden Arten. Entsprechend mittelgroß, im Vergleich zu den anderen Arten, sind ihre Beutetiere. Da alle drei Arten darüber hinaus trotz des sehr ähnlichen Beutetierspektrums gewisse jahreszeitliche und grundsätzliche Bevorzugungen zeigen (Wiesenweihen nehmen neben Säugern und Vögeln auch Reptilien, Kornweihen und Rohrweihen schwerpunktmäßig Säuger und Vögel), kommt es auch hier zur Konkurrenzvermeidung, die es den drei Arten erlaubt, gleichzeitig Teile desselben Biotops zu nutzen.

Darüber hinaus gibt es Einnischungen als Nahrungs-Spezialisten. Dazu gehören Wespenbussard, Schlangenadler und Fischadler. Doch zur Ausbildung der **ökologischen Nische** gehört auch der Nistplatz, der oft bei Falken der entscheidende Faktor für das Habitat ist: Baumfalken benötigen Krähennester. Der nur auf dem Zug bei uns erscheinende Rotfußfalke, ein Kolonienbrüter, ist auf die Nester der Saatkrähen-Kolonien angewiesen, nachdem im Mai/Juni die Jungkrähen ausgeflogen sind. Der Wanderfalke bezieht geeignete Felsen, Gebäude und demnächst wieder Horste von mittelgroßen bis großen Greifvögeln der Wälder Mitteldeutschlands.

Die oben angeführten Beispiele zeigen, daß Greifvogelarten nur dann in einem Lebensraum nebeneinander existieren können, wenn sie sich keine Konkurrenz machen **(Konkurrenz-Ausschluß-Prinzip).** Arten mit gleichen Ansprüchen schließen sich aus. So kommen z. B. in Skandinavien Mäusebussard und Rauhfußbussard nur nebeneinander vor und nicht gemeinsam in sich überschneidenden Revieren, verteidigen sogar ihre Territorien gegeneinander, obgleich sie ja zwei verschiedene Arten sind. Der Grund: Sie konkurrieren um den gleichen **Ökofaktor** Nager. Jede

Art besetzt einen bestimmten Platz, den nur sie und keine andere Art auf Dauer besetzen kann. Als **„ökologische Nische“** einer Art wird diese Position bezeichnet, die aber kein Ort ist, wie der Name suggeriert, sondern sie beschreibt nur ein System von Wechselbeziehungen zwischen dem Greifvogel und seiner Umwelt, wobei unter Umwelt alle belebten (biotischen) Faktoren (Beute, Partner, Feinde Konkurrenten etc.) und unbelebten (abiotischen) Faktoren (Klima, Wasser, Boden) verstanden wird.

In einer reich gegliederten Umwelt finden viele verschiedene Arten ihre ökologische Nische, d. h., je mehr Greifvogelarten in hoher Siedlungsdichte in einem Biotop (auch z. B. in einem Jagdrevier) vorhanden sind, desto höher kann in unseren Breiten die Qualität des Lebensraumes eingestuft werden. Ziel von Management-(Hege-)Maßnahmen muß es deshalb sein, Biotope und Biozönosen so zu beeinflussen, daß viele Greifvogelarten in hohen Bestandsdichten existieren können.

Mensch und Greifvogel I

Direkte Verfolgung

Die gesellschaftliche Bewertung der Greifvögel in Mitteleuropa schwankte zwischen zwei Extremen: Verfolgung bis hin zur Vernichtung ganzer Bestände im 19. Jahrhundert und juristisch abgedeckter Schutz im Mittelalter, bei dessen Zuwiderhandeln die Todesstrafe ausgesprochen werden konnte. Mit dem Niedergang der Falknerei, bedingt u. a. durch die französische Revolution und Feuerwaffen, verloren die Greifvögel ihre bis dahin einzige Lobby. Erst als der **falknerische Schutz** verlorenging, wurden sie als schädlich oder nützlich eingestuft, in Abhängigkeit von ihrer vermeintlichen Wirkung auf Tierpopulationen, insbesondere auf Arten – jagdbares Wild, Hausgeflügel –, die für den Menschen interessant waren. Für über eine halbe Million (624 087 Exemplare) Greifvögel zahlte das Königreich Hannover im 18. Jahrhundert Abschußprämien, und nach dem II. Weltkrieg wurden in Deutschland bis in die siebziger Jahre ähnliche Abschußzahlen erreicht.

Als die Falknerei in Deutschland mit Gründung des Deutschen Falkenordens (DFO) 1923 wieder gesellschaftlich etabliert wurde, gab es endlich wieder Menschen, die sich uneingeschränkt für die Greifvögel einsetzten, gegen den vehementen Unverstand von Jägern und Naturschützern. Auf der Gründungsversammlung des DFO wurde 1923 (!) in die Satzung aufgenommen: „Der DFO gelobt, keine Falken zu töten, auch die übrigen Raubvögel zu schützen und selbst Habicht und Sperber gewähren zu lassen", und 1937 formuliert Dr. Brüll als Schriftleiter des DFO: „Die Falknerei hat sich als vornehmstes Ziel gesetzt und unter anderem die Aufgabe gestellt, der Erforschung der Biologie der Greifvögel zu dienen, um durch wissenschaftliches Tatsachenmaterial die Notwendigkeit und die Berechtigung des Schutzes dieser Vögel nachzuweisen." Erst in den 70er und 80er Jahren konnten diese Zielvorstellungen der Falkner erreicht werden.

Die direkte Verfolgung der Arten hat aber nur dann einen negativen Einfluß auf die Populationen, wenn die „natürliche" Todesrate, die bei einigen Greifvögeln so oder so 50 bis 70 % (Habicht, Sperber) im ersten Lebensjahr betragen kann, durch Abschuß, Vergiftung und Fang zusätzlich erhöht wird. So hatten auch die Vernichtungsfeldzüge früherer Zeiten, sieht man von seltenen und großen Arten mit geringen Jungenzahlen ab, entweder keinen oder nur einen geringen bzw. lokalen Einfluß, denn trotz der erschreckenden Abschußzahlen blieb die Mortalitätsrate innerhalb der natürlichen Todesrate. So unverständlich und verabscheuenswürdig die jährlichen Abschüsse des Wespenbussards auf dem Zug in der Straße von Messina sind, bis heute gibt es keinen Nachweis, daß dadurch die Brutpopulationen auch nur ansatzweise zurückgehen. D. h., Arten produzieren grundsätzlich einen erheblichen Überschuß an Individuen **(Überproduktion),** in die dann die natürliche Selektion unter Optimierung der Art eingreift. Doch wie hoch die Zahl der „zusätzlichen" Individuen sein mußte, um als Art überleben zu können, wurde zu einer Zeit evolutionsgeschichtlich entwickelt, als der Mensch noch keinen Einfluß auf Greifvögel und andere Tierarten hatte. D. h., daß unter gewissen Bedingungen der Mensch, trotz des sog. Prinzips der **kompensatorischen Sterblichkeit** (die Gesamtsterblichkeit bleibt immer konstant, da die Faktoren, die die Todesrate bestimmen, trotz variierender Anteile [Krankheiten, Unfälle, Räuber, Verhungern u. a.] zusammen immer 100 % betragen), in seiner Eingriffsmöglichkeit von der Evolution nicht „berücksichtigt" wurde und er somit Populationen zum Aussterben bringen kann (gezielte Jagd auf Greifvögel, Biotopverlust, Biozide u. a.).

Auch ist es vollkommen unsinnig, Jagdzeiten für Habichte oder Bussarde zu fordern, um die Bestände zu verringern, damit der Druck auf vermeintliche Beutetierpopulationen kleiner wird. In NRW brüten ca. 2000 Habichtspaare (1995), ca. 80 % brüten erfolgreich und haben im Durchschnitt 2,4 Jungvögel, so daß im Herbst ca. 3800 Habichte zur Brutpopulation und den Nichtbrütern addiert werden müssen. D. h., daß die Habichtspopulation in NRW aus weit über 8000 Individuen besteht – will man sie einmal isoliert nach Landesgrenzen räumlich auffassen.

Da ferner Habichte 8 bis 10 Jahre zur Brut schreiten, also über diesen Zeitraum Junge produzieren, müßten über Jahre Tausende von Greifvögeln systematisch vernichtet werden, soll sich der Populationsstatus nach unten verschieben. Ich glaube, daß heute ein derartiger Vernichtungsfeldzug gegen eine Art – unabhängig davon, daß er aus biologischen Gründen unsinnig ist – keinerlei Akzeptanz in unserer Gesellschaft fände. Wie schnell eine Population verändert werden kann, hängt natürlich von dem Zeitpunkt des Eingriffs ab und davon, in welche Altersstruktur eingegriffen wird. Werden Altvögel im Frühjahr am Horst geschossen, wie es vor den Schonzeiten beim Habicht praktiziert wurde, kann die Population erheblichen Schaden nehmen, wird nach der Brutzeit eingegriffen, zu einem Zeitpunkt maximaler Individuenzahlen, schadet nur ein extrem starker Eingriff der Population, da ja, je nach Art, die Population 50 bis 70% Verluste problemlos bis zur nächsten Brutsaison „verkraften" kann. Leider gibt es aber noch immer Menschen, die aus egoistischen Motiven bar jeglicher Kenntnis biologischer Zusammenhänge glauben, daß durch Abschuß, Zerstörung der Horste und durch Vergiften, insbesondere von Rot- und Schwarzmilanen, Natur in ihrem Sinne beeinflußt werden muß.

Indirekte Gefährdung – Biotopverluste

Wirkliche, andauernde und kaum rückgängig zu machende Populationseinbrüche entstehen eigentlich nur, wenn die Nahrungsgrundlagen und/oder die Lebensräume vernichtet werden, wobei oft der Nahrungsmangel eine Folge der Biotopzerstörung bzw. der Biotopvergiftung ist. Insbesondere die Zerstörungen von Feuchtgebieten, sei es durch Begradigung der Flüsse, Entwässerungen der Wiesen und Moore, Zuschüttung von Teichen und Tümpeln, trifft viele Greifvögel, denn hier gehen für Korn-, Wiesen- und Rohrweihen Neststandorte und Nahrungsreviere verloren. Letzteres beeinflußt auch Rotmilan und Schwarzmilan, Wespenbussard und Baumfalke. Die Änderungen in der Waldwirtschaft von einem abwechslungsreichen Naturwald, angepaßt an die Böden, zu ausgedehnten Monokulturen mit den entsprechenden Wirtschaftsformen, gefährden Milane, Wespenbussarde und Seeadler, können aber kurzfristig Sperber und Habicht fördern.

Die aus wirtschaftlichen Gründen nötigen modernen Methoden der Landwirtschaft haben großflächig die ehemalige landschaftliche und pflanzliche und tierische Vielfalt **(Biodiversität)** und die davon ausgehenden **Nahrungsketten bzw. Nahrungsnetze** (z. B. Nahrungskette: Pflanzen – Insekten – Spinnen – Säuger – Vögel – Greifvögel) verändert oder vernichtet. Turmfalken, Weihen, Mäuse- und Wespenbussarde sind davon u. a. betroffen. Populationswellen der Mäuse treten in der offenen, intensiv genutzten

Agrarlandschaft kaum noch bzw. abgeschwächt auf, so daß die aus populationsgenetischer Sicht so wichtigen 4jährigen Populationsschwankungen einiger Greifvogelarten (Mäusebussard, Turmfalke) z. T. nicht mehr so deutlich auftreten. Straßenböschungen als Rückzugsgebiete der Nager sind deshalb bevorzugte Jagdgebiete dieser „verdrängten" Arten, die dann auch häufig Opfer des Straßenverkehrs werden. Strommasten und Überlandleitungen bieten in der ausgeräumten Landschaft dann oft nur die einzigen Aufblockmöglichkeiten. Die Leitungen an sich sind als Hindernisse gefährlich (Flügelbrüche bei Kollisionen betrifft Baumfalke, Wanderfalke, Habicht), aber auch an Stützisolatoren können Greifvögel durch Erdschluß getötet werden. Veränderte Techniken haben jedoch in den letzen Jahren hier die Situation verbessert.

Durch **Zersiedlung** und Bebauung der Landschaft werden störanfällige Arten vertrieben (Seeadler, Rotmilan), und der für Greifvögel besiedelbare Raum wird so eingeschränkt, daß die Populationsgrößen in den Restbiotopen unter das **Überlebensminimum** gedrängt werden. Ferner erhöhen Verluste durch Kollisionen an Scheiben die Mortalitätsrate bedenklich (Sperber, Turmfalke).

Außerdem engt der zunehmende **Freizeitdruck** durch „Outdoor"-Aktivitäten der Stadtgesellschaft den zur Verfügung stehenden Lebensraum für Arten wie Wanderfalke und Steinadler ein (Freizeitkletterer, Gleitflieger, Tourismus). Auch beim Seeadler (Störfaktoren: Wanderer, Leichtbauflugzeuge, Wassersport), und den Weihen (Störfaktoren: Wassersport, Erntemaschinen) wirken direkte Störungen auf die Populationen ein und indirekte, indem die anwesenden Menschen die Nutzung der Jagdgebiete durch permanentes Vertreiben von Beutetieren oder einfach durch ihre Anwesenheit verhindern.

Biozide

Pestizide

Biozide sind lebensfeindliche Chemikalien (Gifte), die gezielt, z. B. in der Forst- und Landwirtschaft, oder unbeabsichtigt durch Störfälle in der Industrie oder den Menschen allgemein in die Umwelt ausgebracht werden. Unter Pestiziden versteht man chemische Schädlingsbekämpfungsmittel und Pflanzenschutzmit-

tel. Insbesondere die chlorierten Kohlenwasserstoffe **DDT, Dieldrin und Aldrin** (**HEOD** als Wirkstoff) hatten bzw. haben eine verheerende Wirkung auf Greifvögel.
DDT (**D**ichlor-**d**iphenyl-**t**richlormethyl-methan) ist ein **Insektizid** (Insekten abtötendes Mittel) und chemisch eine sehr stabile Verbindung. DDT reichert sich aufgrund seiner **Fettlöslichkeit** im Fett von Organismen an und kann wegen dieses Löslichkeitscharakters nicht über wäßrige Exkrete (Urin) ausgeschieden werden. Wird das Insektizid von zukünftigen Beutetieren mit der Nahrung aufgenommen, reichert es sich in deren Körper an, und mit der Beute wird es in den Organismus des Greifvogels überführt. Greifvögel, die als **Endglieder** langer **Nahrungsketten** leben, werden deshalb besonders stark belastet. (Es gibt auch Greifvögel, die ein Endglied einer kurzen Nahrungskette sind und deshalb gering belastet werden, z. B. Mäusebussarde.) Die direkte Giftwirkung von DDT ist relativ gering, doch im Greifvogelkörper beeinflußt es den Hormon- und Kalkhaushalt. Die Folgen sind Verhaltensstörungen während der Fortpflanzungszeit, aber vor allem eine Verminderung der **Eischalendicke.** Dies führte bei Sperber, Wanderfalke und Habicht zum Zerbrechen der Eischalen und damit zum Verlust der Bruten. Das fettlösliche DDT (im Körper z. T. in DDE umgebaut) wurde auch über das Dotterfett ins Ei abgegeben, so daß die Embryonen **direkt vergiftet** wurden. Die Folge davon war in den 60er Jahren ein weltweiter Zusammenbruch der Wanderfalkenpopulationen auf der Nordhalbkugel einschließlich Deutschlands, wo die Population von ca. 600 Paaren bis auf 40 bis 50 Paare in Süddeutschland zusammenschrumpfte. Nach dem Verbot von DDT und anderen chlorierten Kohlenwasserstoffen (bis 1974 in der BRD, in der DDR durfte es bis in die 80er ausgebracht werden), erholten sich die Bestände von Wanderfalke, Sperber und Habicht. Im Gegensatz dazu waren Bussard und Turmfalke nur wenig belastet. Als Säugetierjäger sind sie nur Endglieder einer kurzen **Nahrungskette (Pflanze–Maus–Bussard)** im Gegensatz zum Vogeljäger **(Pflanze–Insekt–Spinne–Vogel–Sperber),** wobei die Vögel besonders hoch belastet sind; denn 1. müssen sie viele Insekten zur Aufrechterhaltung ihrer Energiebilanz zu sich nehmen, nehmen damit auch viel DDT auf, und 2. bauen Säuger DDT etwas besser ab, wenn auch nur langsam. Neben der **chronischen Vergiftung** kann ein Greifvogel auch durch DDT vergiftet werden, wenn Hungerperioden den Körper

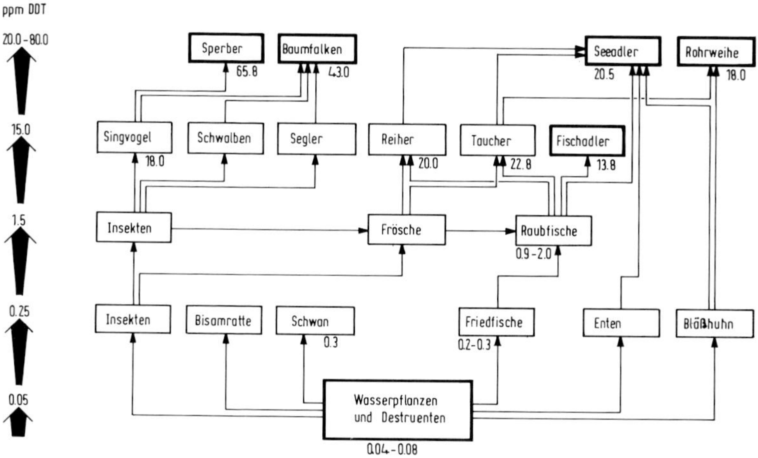

DDT reichert sich über Nahrungsketten bzw. -netze in Organismen von Ökosystemen an. Die Zahlen auf den breiten Pfeilspitzen geben grob die Durchschnittswerte von DDT auf den verschiedenen Nahrungsstufen an und die Zahlen unter den Tieren die jeweiligen Werte, die z. B. in Eiern oder Fett gefunden wurden. Deutlich wird, daß insbesondere Tiere, die ein Glied vieler Nahrungsketten und/oder Endglieder sind (wie die Greifvögel) durchschnittlich die höchsten Werte aufweisen und entsprechend unter den Pestizidsyndromen leiden.

veranlassen, die Fettreserven abzubauen, das DDT/DDE in den Blutkreislauf gelangt und so Werte erreicht werden, die den Greifvogel töten.

Dieldrin und Aldrin sind in ihrem allgemeinen Verhalten (lipophil, Stoffwechselstörungen des Ca-Haushaltes) mit DDT vergleichbar, doch ihre Giftigkeit ist bedeutend höher. Schon bei einer Dosis von 10 bis 20 ppm Dieldrin im Gehirn und 20 bis 30 ppm in der Leber sterben Sperber, während erst eine Dosis von 100 ppm DDT im Gehirn und 200 ppm in der Leber den gleichen Effekt bewirkt. Welchen Einfluß diese Insektizide auf deutsche Greifvogelpopulationen hatten (verboten seit 1974), ist im nachhinein zwar aus wissenschaftlicher Sicht schwer zu beurteilen (es gibt aus dieser Zeit keine Analysen), doch der rapide Zusammenbruch von Teilpopulationen kann eigentlich bei langlebigen Arten, wie es z. B. der Wanderfalke ist, neben dem Eischalenproblem, nur über die Vergiftung auch von Altvögeln erfolgt sein. Heute geht man aufgrund von Analogieschlüssen – gewonnen aus Untersuchungen in anderen Ländern – davon aus, daß der negative Einfluß dieser Pestizide, der lokal zum Zusammenbruch von Populationen des Wanderfalken, Habichts, Sperbers, Seeadlers und Fischadlers geführt hat, als erwiesen gelten kann – beweiskräftiges Indiz ist die Erholung aller durch Pestizide beeinflußten Arten (Wanderfalke, Sperber, Habicht u. a.) nach dem Verbot.

Neben anderen als Pflanzenschutzmittel eingesetzten chlorierten Kohlenwasserstoffen gibt es das Industriegift **PCB** (**P**oly**c**hlor**b**iphenyl, ein Isolier-, Kühlmittel, Weichmacher). Seine allgemeinen chemischen Eigenschaften sind vergleichbar mit dem DDT, doch gibt es über 200 PCBs und eine Fülle von Abbauprodukten im Organismus, deren Wirkungsweisen und Einflüsse auf den Stoffwechsel noch nicht bekannt sind. Da es aber weit verbreitet ist und ständig weiter in die Umwelt gelangt (Abgase, Verbrennung), kann es in Zukunft speziell den Greifvögeln Probleme bereiten.

Alkylphosphate

Eine andere Gruppe von Insektiziden – Alkylphosphate – ist abbaubar. Das bekannteste ist das E 605. Fressen Greifvögel mit E 605 vergiftete, tote oder im Sterben begriffene Beutetiere, werden auch sie vergiftet, wie bei Bussarden, Sperbern und Milanen beobachtet.

Schwermetalle

Organisches **Quecksilber** (Methylquecksilber) kann in Federn und Eiern von Greifvögeln (Habicht, Sperber, Seeadler, Fischadler) nachgewiesen werden, doch nur die fischfressenden Greifvögel und Sperber waren erheblich belastet. Es ist bereits in kleinen Dosen sehr giftig. Bei tot aufgefundenen adulten Seeadlern waren Werte festgestellt worden, die für eine Quecksilbervergiftung sprachen. Da Quecksilber u. a. bei der Papierherstellung und Saatgutbeize anfällt, kann es über Abwasser in Fließgewässer und damit in Fische gelangen und besonders eben Seeadler und Fischadler **kontaminieren** (innerlich „verschmutzen"). Skandinavische Fisch- und Seeadlerpopulationen waren in den 60er und 70er Jahren mit Quecksilber erheblich belastet, und es ist nicht auszuschließen, daß die Embryonensterblichkeit bei Adlern auf dieses Schwermetall zurückzuführen war, neben den chlorierten Kohlenwasserstoffen.

Greifvogelarten

Wespenbussard *Pernis apivorus*

Kennzeichen: Im Flugbild und der Größe nach läßt sich der Wespenbussard nicht immer leicht vom Mäusebussard unterscheiden; doch im Flug fallen dem geübten Beobachter im Vergleich zu dem „Doppelgänger" der längere Schwanz, die etwas runderen, schmaleren und längeren Flügel auf. Der Kopf ist auffällig klein, mit einem relativ langen Hals, so daß Wende- und Drehbewegungen des Kopfes, besonders während des Fliegens, deutlich zu erkennen sind. Die Stoßfedern besitzen neben schmalen Querstreifen eine breite Endbinde und zwei kräftige Binden

Wespenbussard (Männchen), am Horst nach der Fütterung.

Wespenbussard, Flugbild.

nahe dem Körper (Schwanzwurzel). Ähnlich ist die Flügelzeichnung – das „Muster“ der Stoßfedern wird in den Schwung- und Armfedern z. T. wieder aufgenommen: 1 bis 2 (3) schwarzbraune Bänder (Flügelrand und -mitte) sind deutlich voneinander abgegrenzt (beim Mäusebussard sind sie verschwommener und in größerer Zahl). Die Färbung des Wespenbussards ist sehr variabel: seine Oberseite ist in der Regel bräunlich, Unterseite hellweiß bis dunkelbraun, mit Längsstreifen bzw. -flecken im Jugendkleid, jedoch Querbänderung bei geschlechtsreifen (adulten) Vögeln. Daneben kommen einfarbig dunkelbraune Farbschläge (Morphen) vor. Männchen und Weibchen sind unterschiedlich gefärbt: Adulte Weibchen haben meistens einen braunen, die geschlechtsreifen Männchen einen taubenblauen Kopf. Der Größenunterschied zwischen den Geschlechtern ist gering ausgebildet (Männchen 730 g, Weibchen 790 g).

Die Iris ist bei Jungtieren (iuv.) graubraun, bei den Altvögeln (ad.) leuchtend gelb, die Wachshaut am Schnabel schwarz, nur im ersten Kalenderjahr gelb. Als Anpassung an die Nahrung (Wespen, Hummeln) und den Beuteerwerb (Ausgraben der Waben und „Auspulen“ von Larven) können der kleine Schnabel ohne Ausbuchtung der Schneide, die schmalen schlitzförmigen Nasenlöcher (Sand kann nicht eindringen), das dichte, harte, fast schuppenförmige Gefieder im Kopfbereich (verhindert Wespenstiche) und der „Grabfuß“, mit nur gering gekrümmten Krallen, angesehen werden.

Die Stimme ist nur in der Nähe des Brutplatzes zu hören: hohe, klagende, z. T. melodische Laute, die von den verschiedene Autoren mit „wijeh“, „biö“ oder dreisilbig mit „düdihi“ beschrieben werden (das „Miauen“ des Mäusebussards klingt vollkommen anders).

Verbreitung: Das Brutgebiet erstreckt sich von Westeuropa bis Westsibirien, mit Ausnahme der nördlichen Landschaftsräume Skandinaviens und Rußlands. Im Mittelmeerraum ist die Verbreitung lückenhaft, und in den südlich gelegenen Steppen fehlt der Wespenbussard. Bei uns ist sein Vorkommen flächendeckend, wenngleich der Wespenbussard seltener als der Mäusebussard ist.

Bruthabitat: Bevorzugt werden Laubwaldbestände mit offenen Lichtungen, Wiesen und sonnenbeschienenen Schneisen (Jagdhabitat). Die Nester werden in geschlossenen Waldungen im Randbereich, bei stark strukturierten Baumbeständen auch im Zentrum angelegt. Die Nesthöhe beträgt ca. 20 m.

Nahrung/Jagdverhalten: Der Wespenbussard bevorzugt Larven, Puppen und ausgewachsene Wespen, seltener Hummeln, deren Nester von einem niedrigen Ansitz, zu Fuß oder im Suchflug entdeckt werden. Mit den Füßen scharrt er die Nester aus und holt die Waben mit dem Schnabel hervor, geschützt vor Stichen durch verdickte Hornschuppen an Zehen und Mittelfuß und das harte, geschlossene Gefieder des Kopfes. Durch einen „Schüttelreflex", der Federkleid und Flügel vibrieren läßt, ausgelöst durch Wespen auf und zwischen den Körperfedern, werden lästige Wespen zusätzlich abgewehrt. Die ausgegrabenen Waben werden vor Ort aufgefressen oder zum Horst gebracht, wo die Larven und Puppen an die Jungen verfüttert werden.

Anhand von gefundenen „Ausgrabungen" – manchmal mit Wabenresten –, die bis zu 40 cm tief sein können, kann man die Anwesenheit dieses heimlichen Nahrungs-Spezialisten nachweisen, ohne ihn je gesehen zu haben. Außer Wespen werden auch andere Insekten, Würmer, Frösche, Eidechsen und seltener Jungvögel und Kleinsäuger erbeutet. In wespenarmen Jahren sucht der Wespenbussard Gehölze und Schonungen systematisch nach Vogelnestern ab, indem er durch das Geäst „klettert" bzw. „hüpft". Erbeutete Nestjunge werden, wie die Waben, im Schnabel fortgetragen. Zum Spätsommer hin werden auch Steinfrüchte (Kirschen, Pflaumen u. a.) und Beeren verzehrt.

Brutbiologie/Fortpflanzung: Die Balz beginnt sofort nach der Ankunft. Nester werden neu gebaut, oder es werden alte Greifvogel- oder Krähenhorste ausgebessert und aufgestockt. Nestanlagen befinden sich direkt am Stamm, in einer kräftigen Astgabel oder auf dicken Seitenästen von Laub- und Nadelbäumen. Der Horst wird stark „begrünt“, d. h. mit frischen Laubzweigen belegt und mit grünen Blättern ausgepolstert. Er ist relativ klein (neu gebaute Nester 65 bis 90 cm). Das Männchen vollführt während dieser Zeit und noch später einen auffälligen sog. „Schmetterlingsflug“, bei dem die Flügel über dem Rücken zusammengeschlagen werden (Balz-, Reviermarkierungsflug).

Hauptlegezeit ist Ende Mai bis Mitte Juni, Gelegegröße besteht aus 2 Eiern (sehr selten 1 bzw. 3), Legeabstand 3 Tage, Brutdauer 34 Tage: Männchen und Weibchen brüten. In den ersten drei Wochen nach dem Schlupf versorgt das Männchen alleine die Jungen, dann erst das Weibchen. Die Nestlingsdauer beträgt 40 bis 48 Tage, doch werden die Jungvögel noch einige Zeit kurz mit Nahrung versorgt. Pro angefangener Brut fliegen nur 0,7 bis 1,53 und pro erfolgreicher Brut 1,1 bis 1,73 Jungvögel aus. Unter dem Horst ist kein Kot, „Schmelz“, zu finden, da die Jungen in das Laub des Horstrandes schmelzen, der auch während der Jungenaufzucht ständig frisch begrünt wird (Hygienemaßnahme). Der Bruterfolg scheint vom naß-kühlen Wetter und der Wespenhäufigkeit abzuhängen. Unter ungünstigen Bedingungen kommen lokal keine Jungen hoch.

Der Lebensraum eines Brutpaares kann zwischen 4 und 36 km^2 schwanken. Die Paare sind ausgesprochen territorial und verteidigen sehr aggressiv ihr Revier. Reviergrößen werden mit ca. 7 km^2 angegeben. Lokal können 4 bis 11 Paare pro 100 km^2 brüten.

Wanderungen/Winterquartier: Die Brutgebiete werden Anfang Mai erreicht und schon wieder im August/September verlassen. Der Wespenbussard ist ein Langstreckenzieher, der in Trupps unterschiedlicher Stärke seine Winterquartiere in Äquatorial- und Südafrika aufsucht. Im Prinzip ist er ein „Afrikaner“, da er sieben bis acht Monate südlich der Sahara verbringt. Als Anpassung an diese Lebensweise ist auch die Mauser (wenn auch im einzelnen noch nicht genau bekannt) des Großgefieders zu betrachten: Adulte Vögel werfen ein bis zwei Arm- und Handschwingen und entsprechend viele Stoßfedern im Brutgebiet, unterbrechen dann die Mauser (der Zug ist energetisch ein Engpaß) und wechseln den Rest des Gefieders in Afrika. Europäische Vögel ziehen über Gibraltar, Cap Bon, Sizilien und den Bosporus.

Bestand/Bestandtrends: Soweit bekannt, scheinen die Bestände in Mitteleuropa stabil zu sein (in Holland sogar leicht steigend), trotz illegaler Abschüsse auf dem Zuge (Straße von Messina u. a.). Für Deutschland schwanken die Schätzungen zwischen 7700 und 36000 Brutpaaren. Bei den scheinbar regional zu beobachtenden Bestandsschwankungen verpaarter territorialer Paare wurde der wirkliche Bestand anwesender, nicht brütender Paare aus methodischen Gründen wahrscheinlich nicht richtig erfaßt. Rote Liste: Kategorie 3 – gefährdet.

Schwarzmilan *Milvus migrans*

Kennzeichen: Gefiederfärbung hauptsächlich braun, Unterseite etwas heller mit einem rostbraunen Anflug. Der Kopf hebt sich etwas heller graubraun mit Strichelung vom Körper ab. Etwa bussardgroß bis größer, mit relativ langen, breiten Flügeln und langem, schwach gekerbtem Schwanz (Stoß des Rotmilans zeigt tiefe Gabelung), der aber fast immer abgeschnitten, eckig erscheint. Insgesamt sieht der Vogel im Fluge mehr oder weniger gleichmäßig dunkelbraun aus. Jungvögel wirken heller mit Auflichtungen an der Flügelunterseite. Gewicht der Männchen: 630 bis 930 g; Weibchengewicht: 750 bis 940 g.

Oberschnabel ist schwarz, Unterschnabel heller, gelblich, Iris beim Jungvogel dunkel gräulich braun, beim Altvogel rostbraun. Stimme: Trillernde Lautreihen ähnlich Rotmilan.

Verbreitung: In Eurasien weit verbreitet, bis auf Skandinavien und russisch-sibirische Tundra. In Deutschland schwerpunktmäßig an die großen Flußgebiete (Donau, Oberrhein, Neckar, Main, Oder u. a.) und Seengebiete Mittel- und Ostdeutschlands gebunden. Keine zweite Greifvogelart gibt es so häufig auf der Erde wie den Schwarzmilan.

Bruthabitat: Bei uns brütet der Schwarzmilan in Wäldern der Flußauen auf Bäumen und innerhalb oder am Rande größerer Gehölze. Sein Nest baut er oft in der Nähe von Seen und Flüssen, aber auch in größerer Entfernung von ihnen; manchmal sucht er Horststandorte in Kormoran- oder Graureiherkolonien.

Beutespektrum/Jagdverhalten: Im langsamen Suchflug gleitet der Schwarzmilan in geringer Höhe über Wasserflächen, von denen er tote oder kranke Fische geschickt aufsammelt. In der offenen Landschaft nimmt er neben Aas (z. B. Straßenopfer) auch

Kleinsäuger, Jungvögel, Amphibien, Reptilien, Regenwürmer und Insekten auf. Er ist ein geschickter Flieger, der blitzschnell aus dem Streckenflug nach unten schießen kann, wenn er etwas entdeckt hat. Der Schwarzmilan zeigt sein ganzes fliegerisches Können, wenn er anderen Greifvögeln, Reihern oder Krähen die Beute abjagt. Er ist ein notorischer Beuteschmarotzer. Da Schwarzmilane eine große Toleranz gegen Artgenossen zeigen, treten sie bei reichlichem Nahrungsangebot „schwarmweise" auf.

Brutbiologie: Brutbeginn ist Mitte/Ende April, doch die Balz beginnt, sobald der Schwarze Milan Ende März, Anfang April aus seinem afrikanischen Winterquartier zurückgekehrt ist. Die Geschlechtsreife wird erst im 4. Jahr erreicht. Die Horste werden auf hohen alten Bäumen (manchmal horsten mehrere Paare, bei günstigen Nahrungsverhältnissen, kolonieartig zusammen), häufig in Waldrandnähe errichtet. Der Horst wird nicht begrünt, die Nestmulde mit Zivilisationsabfällen wie Papier, Plastikfetzen, Lumpen, Haaren, Fellresten u. a. ausgekleidet. Gelegegröße: 2 bis 3 (selten 1, 4 oder 5) weißlichgrüne Eier mit braunen Flecken (ähnlich Mäusebussard). Legeabstand: 2 bis 3 Tage, Brutdauer im Mittel 32 Tage, wobei vom 1. Ei an gebrütet wird. Legebeginn in der Regel Mitte bis Ende April. Weibchen brütet hauptsächlich, in geringem Maße auch das Männchen, das die Versorgung des Weibchens übernimmt. Die Paare scheinen in einer Saison-, vielleicht in Dauerehe zu leben. Die Jungen verlassen nach 42 bis 45 Tagen den Horst und werden 40 bis 50 Tage lang von den Eltern weiter versorgt, ehe sie selbständig werden. Trotz z. T. nachbarschaftlichen Brütens können optisch spektakuläre (demonstrative) Balzflüge über dem Brutrevier gezeigt und Reviere verteidigt werden. Im Durchschnitt werden 1,3 Junge flügge pro Paar und Jahr.

Wanderungen/Winterquartier: Der Schwarzmilan ist ein Langstreckenzieher, der in breiter Front das Mittelmeer überquert und sein Winterquartier vorwiegend südlich der Sahara (Senegal/Kenia bis Südafrika) aufsucht. Wegzug in Deutschland Mitte August bis September, Rückkehr März/April.

Bestand/Bestandstrends: Seit Ende der 80er Jahre ist in Deutschland ein Bestandsrückgang zu verzeichnen. Ursachen des Negativtrends sind noch nicht hinreichend erforscht, doch scheinen Eutrophierung, Biozide (u. a. Schwermetalle) und Ver-

Flugbild des Schwarzmilans (links) und des Rotmilans (Mitte und rechts).

schmutzung der Gewässer im allgemeinen zu einer Verminderung der Fischarten bzw. -zahlen geführt zu haben und damit zur einer Verringerung des Nahrungsangebotes für den Schwarzmilan. In den östlichen Bundesländern scheint es eine Zunahme der Bestände zu geben (?). Die Sterblichkeit beträgt rund 30 bis 35 % pro Jahr, 60 % der Verluste treten auf dem Zug auf. Die registrierten Siedlungsdichten schwanken zwischen 104 bis 125 Paare auf 100 km^2 und 0,4 bis 4,4 Paare pro 100 km^2, wenn „Einzelbrüter" auf Kontrollflächen von über 100 km^2 untersucht wurden. Der Gesamtbestand in Deutschland wird auf 2 500 Brutpaare geschätzt. Rote Liste: Kategorie 3 – gefährdet.

Rotmilan *Milvus milvus*

Kennzeichen: Charakteristisch sind der lange rostrote, tiefgegabelte Schwanz („Gabelweihe"), die rostroten Unterseiten mit schwarzen Schaftstrichen und der deutlich vom Körper sich abhebende graue Kopf (bei Jungvögeln rotbraun). Die Federn der Oberseite sind braun bis rostbraun mit hellen Säumen. Die Handschwingenspitzen sind schwarz und durch einen auffällig weißen Fleck abgehoben. Der Flügelbug des Handgelenks ist ebenfalls schwarz. Der Rotmilan ist größer und schlanker als der Mäusebussard, und die relativ schmalen Flügel wirken im Flug

Schwarzer Milan.

Roter Milan.

leicht gewinkelt. Die Jungvögel können, da sie heller auf der Oberseite und im Brustbereich gefleckt sind, mit dem Schwarzmilan verwechselt werden. 800 bis 1000 g wiegen die Männchen und 960 bis 1600 g die Weibchen, so daß bei kreisenden Paaren, im Vergleich, die Geschlechter gut bestimmt werden können.

In der Nähe des Brutplatzes ist die Stimme des Rotmilans zu hören: zwei etwas unterschiedlich klingend langgezogene Trillerstrophen (kliihihihihi oder wieu wieu wien).

Verbreitung: Der Rotmilan hat besonders unter der Verfolgung durch den Menschen gelitten, so daß er in Mitteleuropa, von Deutschland und Spanien als seinem Hauptverbreitungsgebiet einmal abgesehen, nur noch lückenhaft vorkommt (Frankreich, Polen, Balkan, Italien, Wales u. a.).

Bruthabitat: Das Nest wird in lichten Altholzbeständen (Feldgehölzen) in ⅔ Höhe des Baumes abgelegt, und zwar direkt am Stamm oder in Astquirlen von Eichen, Buchen und Kiefern. Der Rotmilan ist nicht wie der Schwarzmilan an Gewässer gebunden, sondern kommt auch in trockenen Landschaftsräumen vor, insbesondere in hügeligem Gelände, wo Thermik das Segeln erleichtert. Als Brut- und Jagdhabitat bevorzugt er reich strukturierte Feld-Wald-Landschaften.

Beutespektrum/Jagdverhalten: Der Rote Milan ist ein ausgesprochen opportunistischer Jäger, der sich nach dem Beuteangebot und ihrer Nutzungsmöglichkeit in seinem jeweiligen Jagdgebiet richtet. Zwar ist die Beutetierliste ähnlich der des Schwarzmilans (Vögel, Fische, Reptilien, Amphibien, Mäuse, Hamster, Junghasen, Jungkaninchen, Aas), doch der Fischanteil ist geringer, und der Anteil selbständig erjagter Vögel und Kleinsäuger höher.

Gejagt wird im Suchflug, wobei in geringer Höhe systematisch Feld- und Wiesenfluren des Aktionsgebietes abgesucht werden. Entdeckt er seine Beute, stürzt er herunter und ergreift sie fliegend, oft ohne sich niederzulassen. Gejagt wird oft mehrere Kilometer (5 bis 12 km) vom Horst entfernt, insbesondere wenn Mülldeponien als Nahrungsquelle genutzt werden können. Gelegentlich jagt er auch anderen Greifvögeln die Beute ab.

Brutbiologie/Fortpflanzung: Bei uns liegt der Brutbeginn im April. Einen Monat früher (März) sind die Balzflüge der sehr reviertreuen Paare zu beobachten, die bereits verpaart am Brutplatz eintreffen. Bei überwinternden Paaren konnte eine deutliche Paarbindung auch während der Wintermonate festgestellt werden: Saison-, wahrscheinlich Dauerehe. Die Geschlechtsreife (Erstbrut?) setzt mit 2 bis 3 Jahren ein. Horste werden im Randbereich der Wälder angelegt und regelmäßig wieder benutzt (Horsttreue). Wie beim Schwarzmilan wird des Nest mit Zivilisationsresten ausgelegt: Lumpen, Plastik, Papier u. a., die auch regelmäßig in Horstnähe auf dem Boden gefunden werden können. Neuanlagen und Ausweichhorste werden eingerichtet. Gelegegröße 2 bis 3 (selten 1, 4, 5). Brutdauer: 31 bis 32 Tage.

Das Gelege wird vom ersten Ei an ausschließlich vom Weibchen bebrütet, das Männchen bringt die Nahrung. Erst 14 Tage nach dem Schlupf beteiligt sich auch das Weibchen an der Versorgung. Im Durchschnitt fliegen 1,4 bis 1,9 Jungvögel pro angefangener Brut aus. Nestlingsdauer beträgt ca. 50 Tage, nach weiteren 4 Wochen sind die Jungen selbständig und werden nicht mehr von den Eltern versorgt.

Wanderungen: Kurzstreckenzieher: Ab Mitte August beginnt der Wegzug aus den mitteleuropäischen Brutgebieten, Nachzügler sind noch im November zu sehen. Die Winterquartiere befinden sich in Südfrankreich, Spanien, Portugal, Türkei und Nordafrika. Bei ausreichender Nahrungsgrundlage können die Rotmilane zu „Standvögeln" werden. Die Tendenz scheint zum Stand-, Strich- und Überwinterungsvogel zu gehen. Im Februar beginnt der Heimzug, Ankunft in den mitteleuropäischen Brutgebieten März/April.

Bestand/Bestandtrends: Der Weltbestand beträgt maximal 18 000 Paare, davon leben alleine 10 700 Paare in Deutschland. Genaue Aussagen zu einem Trend sind aufgrund mangelnden Materials kaum möglich. Kurzfristige Untersuchungen zeigen für Deutschland zunehmende und abnehmende Tendenzen, möglicherweise ist eine leichte Zunahme festzustellen. In Börden und unter günstigen Bedingungen können lokal 10 Brutpaare auf 1 km^2 festgestellt werden. Leider wird der Rotmilan, insbesondere auf dem Zug, stark verfolgt (Abschuß) und in Brutgebieten durch Ausbringen von Ködern vergiftet. Inwieweit Habitatverluste wie beim Schwarzmilan für die Zukunft von Bedeutung sind, kann nicht gesagt werden, es ist aber zu befürchten. Rote Liste: Kategorie 3 – gefährdet.

Seeadler *Haliaeetus albicilla*

Kennzeichen: Größter bei uns vorkommender Greifvogel. Breite, brettförmige Flügel, mit stark aufgefingerten Enden. Die Spannweite kann maximal 2,40 m betragen. Der Schwanz ist kurz, keilförmig, bei ad. Tieren rein weiß. Auffallend sind der mächtige, gelbe Schnabel (mit gelber Wachshaut) und der helle, weißgelbe Kopf-Hals-Bereich. Von dem gedrungen wirkenden Körper setzt sich deutlich der vorgestreckte Kopf während des Fliegens ab. Der Gesamteindruck des Gefieders ist braun, doch Rücken und Flügeldecken sind oft stark ausgeblichen, wirken „schuppig", denn neben frisch geschobenen Federn sind vorjährige – verblichene – nebeneinander zu finden. Jungvögel und solche im Zwischenkleid (Immature) sind dunkler gefärbt, entsprechend auch die etwas längeren Stoßfedern, die erst mit 4 bis 5 Jahren weiß werden. Schnabel bei Jungvögeln schwarz, bei Immaturen bläulich. Der Mittelfuß ist, anders als beim Steinadler, nicht befiedert. Die Geschlechter bilden deutlich Gewichtsklassen: Männchen wiegen 4100 bis 4700 g, Weibchen 5100 bis 7000 g. Während der Balz rufen die Seeadler häufig und ausgiebig, Männchen und Weibchen antworten einander (alternierendes Rufen) und rufen gemeinsam (Duett). Die Laute sind z. T. gellende Rufreihen und weit zu hören: Männchen Krick-krick-krick, Weibchen tief, vokalartig rack-rack-rack.

Verbreitung: In Deutschland ist der Seeadler in weiten Teilen ausgerottet. Seine grundsätzliche Verbreitung erstreckt sich von Grönland (isoliertes Vorkommen), dem nördlichen Eurasien (auch der Türkei) in einem breiten Gürtel über Rußland bis nach Nordost-China. Die deutschen Brutpaare sind die westlichen „Ausläufer" einer relativ geschlossenen Ostseepopulation. Unsere umfaßt Teile Schleswig-Holsteins bis zur Oberlausitz und die Odergebiete. Nichtbrüter (oft imm.) können auch im Sommer außerhalb dieser Verbreitung in Deutschland beobachtet werden.

Bruthabitat: Der Seeadler ist immer an Gewässer gebunden. Ausgedehnte Flußauen, Binnenseen, Teichlandschaften, Meeresküsten. Je nach Verbreitung Boden-, Felsen- und Baumbrüter. Voraussetzung zur Ansiedlung sind gut erbeutbare Fisch- und Wasservogelbestände. In Mitteleuropa ist er ausschließlich Baumbrüter, der in ruhigen, störungsfreien Altbaumbeständen in Randlage seinen Horst anlegt. Horstbäume sind Kiefern und

Seeadler.

Buchen. Neu angelegte Horste haben einen Durchmesser von über 1 m und sind über 0,5 m hoch. Wie der Fischadler nimmt er auch Kunsthorste an.

Beutespektrum/Jagdverhalten: Der Seeadler wendet verschiedene Jagdtechniken an. Er betreibt Ansitzjagd von Bäumen und Felsen oder Suchjagd niedrig über Gewässer und Grund, oder er stößt aus großen Höhen mit z. T. angelegten Flügeln auf Fische und Wassergeflügel herab. Nach einem Eintauchen schwimmt er mit ausgebreiteten Flügeln auf der Wasseroberfläche, von der er wieder auffliegen kann. Während der Jungenaufzucht bevorzugt er Fische, die mehr als die Hälfte der Nahrung ausmachen, mit einem guten Drittel folgen Vögel (von Enten- bis Reihergröße, Bleßrallen, einschließlich der Jungen), und nur wenige Prozent sind Säugetiere. Im Winter verschiebt sich das Beutespektrum, jetzt werden hauptsächlich Vögel (ca. 90 %) geschlagen, gefolgt von Säugern (u. a. Hasen) und Fischen. In dieser Jahreszeit wird auch verstärkt Aas angenommen. Seeadler jagen sehr effektiv in „Kompanie"; Männchen und Weibchen eines Paares „stimmen" sich ab und jagen gemeinsam schwimmende Enten oder Bleßrallen, die bei Angriffen natürlich sofort abtauchen. Doch sobald sie wieder an der Oberfläche erscheinen, werden sie erneut von einem der Adler angegriffen, bis sie letztlich vor Erschöpfung nicht mehr tauchen und sich greifen lassen. Auch „schmarotzt" der Seeadler die Beute von anderen Greifvögeln und Möwen. Der Tagesbedarf eines Vogel beträgt ca. 700 g (reines Fleisch).

Brutbiologie: Die Balz beginnt bereits im Spätherbst und erstreckt sich bis Februar/März (Hochbalz). Im Alter von 5 bis 8 Jahren schreiten die Seeadler zum erstenmal zur Brut. Die Paare leben monogam in Dauerehe. Der Horst wird möglichst in der Nähe von Wasser auf hohen Bäumen angelegt, kann aber auch einige wenige Kilometer vom Fluß oder See entfernt sein.

Die Paare bauen mehrere Wechselhorste. Manche Horste werden jahrelang bezogen und neu aufgestockt und dementsprechend umfangreich und hoch. Die Eier werden von Mitte Februar bis Anfang März gelegt. Gelegegröße: 1 bis 3 Eier (i. d. R. 2, selten 4), rein weiß. Legeabstand: 2 bis 4 Tage. Vom ersten Ei an wird das Gelege 38 bis 42 Tage bebrütet. Nestlingsdauer: 80 bis 90 Tage.

Erst nach 2 bis 3 Monaten werden die Jungen selbständig und nicht mehr von den Eltern versorgt. Bedingt durch Pestizide sank die Reproduktionsrate in Deutschland (BRD/DDR) 1973 auf 0,12 Junge pro Paar. Zu Beginn der 90er lag sie bei 0,61 bis 0,65 Junge pro Paar (Mecklenburg-Vorpommern, Schleswig-Holstein). Ohne Belastung durch Biozide beträgt die Jungenrate pro Paar ca. 1,5.

Wanderungen: Vögel der nördlichen Areale des Verbreitungsgebietes sind größtenteils Zugvögel, ansonsten sind sie Strich- und Standvögel.

Von mitteleuropäischen Populationen verstreichen nur die Jungvögel im September/Oktober zunächst ungerichtet, dann in west- bis südwestliche Richtung. Die Wanderbewegungen können von überwinternden Wassergeflügelbeständen beeinflußt werden. Rückkehr Ende Februar, Anfang März.

Seeadler im Flug beim Beutefang.

Bestand/Bestandtrends: Um 1900 war der Seeadler durch menschliche Verfolgung in Westeuropa nahezu ausgerottet. Durch gesetzliche Schutzmaßnahmen (auch, weil keine Abschußprämien mehr bezahlt wurden) konnte der Seeadler sich leicht erholen, und um 1950 mag es etwa 120 Paare in Deutschland (BRD/DDR) gegeben haben. Dann aber stagnierten die Bestände in den 70er Jahren, um erst wieder in den 80ern zuzunehmen. Heute glaubt man zu wissen, warum die Populationen – trotz vollständigen Schutzes – nicht weiter zunahmen. Seeadler sind Endglieder von langen und verzweigten Nahrungsketten und waren bzw. sind dementsprechend hoch mit chlorierten Kohlenwasserstoffen, Quecksilber und anderen Schwermetallen belastet, also Giften, die vor allem in den Jahren zwischen 1950 und 1970 in Landschaften und Flüssen aus- bzw. eingebracht wurden und die sich in Nahrungsketten anreichern. Bei Endgliedern kommt es dann zu dem entsprechenden „Pestizid-Syndrom“ (s. Abschnitt über Biozide). Nach dem Verbot solcher Mittel wie DDT erholten sich die Bestände wieder, und heute gibt es ca. 210 Brutpaare. Siedlungsdichten in Deutschland liegen zwischen 0,44 BP/100 km^2 und 4,7 BP/100km^2.

Zwar zeigt die Randpopulation weiter eine leicht positive Tendenz und eine Anpassung an veränderte Umweltgegebenheiten, dennoch treten immer wieder erhebliche Verluste und Störungen auf (Abschuß, Vergiftung, Stromtod an Leitungen, Aushorstungen, Eierräuber, Forstarbeiten, Fotografen, Tourismus, Wassersport u. a.), die direkt oder indirekt auf den Menschen zurückgehen. In der Zukunft muß versucht werden, diese Faktoren zu minimieren, damit alte Siedlungsgebiete wieder neu besiedelt werden können. Doch auch „natürliche" Verluste treten auf, wie gegenseitiges Verletzen und Töten bei Revierkämpfen oder Zerstören von Gelegen oder Jungvogelraub durch natürliche Räuber (Habicht, Kolkraben, Baummarder, Uhu u. a.). Eine zusätzliche „Wiederbesiedlungsstrategie" ist das Auswildern gezüchteter Seeadler in geeignete Lebensräume. So wurden 12 von Falknern gezüchtete Jungadler in Böhmen ausgewildert, die mit Wildvögeln eine kleine Population von 8 (+) Paaren bilden. Rote Liste: Kategorie 2 – stark gefährdet.

Rohrweihe *Circus aeruginosus*

Kennzeichen: Die Rohrweihe ist fast bussardgroß, wirkt jedoch bedeutend schlanker, u.a. durch die schmalere Schwingen. Diese Art zeigt einen deutlichen Farbdimorphismus der Geschlechter: Rücken und z. T. die Oberflügel der Männchen sind braun, Flügelspitzen schwarz, die restlichen Flügelpartien grau, wie auch der Stoß. Die Unterseite des Körpers und Schenkel sind rostbraun. Kopf und Hals zeigen ein helles Rostgelb mit dunkler Strichelung. Ähnlich wie bei den Eulen, sind die Federn am Kopf zu einem „Schleier" um die Augen angeordnet. Auch der rotbraune Vorderkörper zeigt eine Strichelung. Weibchen sind einheitlich dunkelbraun, Flügelbug, Kehle und Oberkopf sind frisch nach der Mauser (Herbst) gelb bis ocker, im Frühjahr ausgeblichen hellgelb bis weiß. Jungvögel sind schokoladenbraun, mit ockerfarbenem Oberkopf und Kehle. Iris bei Jungvögeln braun, bei Altvögeln zitronengelb. Männchen wiegen 400 bis 670 g und Weibchen 540 bis 800 g. Am Horst und in seiner Nähe sind keckernde Warnrufe und bei der Balz quäkende kuäh- oder kiäh-Rufe des Männchens zu hören. Im aktiven Ruderflug und beim Segeln werden die Flügel V-förmig gehalten.

Rohrweihe.

Verbreitung: Das Verbreitungsgebiet reicht von Nordafrika, Spanien, den Mittelmeerländern bis nach Südskandinavien und in einem breiten Gürtel bis zum Pazifik. Weitere Populationen kommen in Australien, Neuseeland und Neuguinea vor. Schwerpunkt der Verbreitung liegt bei uns in Schleswig-Holstein, Niedersachsen, Mittel- und Ostdeutschland (Brandenburg, Mecklenburg-Vorpommern).

Bruthabitat: Rohrweihen bevorzugen zur Nestanlage ausgedehnte, dichte Röhrichtbestände an Seen und Flüssen und sumpfiges Gelände über dem Wasser, so daß man nur in diesem Lebensraum bedingt von einem „Bodenbrüter" sprechen kann. In den letzen 20 Jahren ist ein Nisthabitatwechsel zu beobachten: zunehmend werden Horste in Getreide und Rapsschlägen gebaut. Manchmal werden auch kleine Schilfkomplexe angenommen.

Beutespektrum/Jagdverhalten: Im gaukelnden, niedrigen Suchflug werden Teiche, Verlandungszonen, Moore und Felder,

Balzflug

Rohrweihen.

aber auch Hecken und Waldränder abgesucht. Rohrweihen sind Überraschungsjäger, die plötzlich erscheinen und die ahnungslose Beute auf den Boden oder im dichten Schilf (selten in der Luft oder auf dem Wasser) blitzschnell ergreifen. Ihre Hauptbeute sind Vögel (Singvögel 70 bis 80 %), oft schlagen sie nur deren Jungtiere und Kleinsäuger (Mäuse). Zusätzlich stehen Fische, Amphibien und Reptilien auf den Beutelisten. In mäusereichen Jahren kann der Anteil der Vögel auf 20 % zurückgehen.

Brutbiologie: Nach der Rückkehr aus dem Winterquartier (Ende März/April) beginnt die Balz. Die Männchen führen unter Rufen spektakuläre Flüge aus, die manchmal den Eindruck erwecken, als ob sie „abstürzen" würden. Der Horst wird im vorjährigen, trockenen Schilf angelegt – bei „Feldbrütern" in der entsprechenden Frucht. Die Rohrweihen sind mit 2 bis 3 Jahren geschlechtsreif. Polygynie (Männchen mit mehreren Weibchen) ist beobachtet worden. Legebeginn: Ende April, Anfang Mai. Gelegegröße: 4 bis 5 Eier (3, 6, 7 als Ausnahme). Sie werden im Abstand von 2 bis 3 Tagen gelegt und 32 bis 34 Tage bebrütet. Die Jungen verlassen zu Fuß bereits nach 35 Tagen den Horst, sind aber erst mit ca. 55 Tagen voll beflogen. Im Mittel fliegen 2,5 Junge pro Paar und Jahr aus.

Wanderungen: Bei uns sind die Rohrweihen Zugvögel, die von August bis Oktober das Brutgebiet verlassen. Die Winterquartiere liegen in Westeuropa, dem Mittelmeerraum und südlich der Sahara. Zugrichtung ist Süd-Südwest (Breitfrontzieher), Jungvögel zeigen zunächst keine einheitliche Zugrichtung (sie vagabundieren). Rückkehrer treffen im März/April in den Brutgebieten ein.

Bestand/Bestandtrends: Der Bestand in Deutschland wird auf 3 900 Paare geschätzt. Die um die Jahrhundertwende und früher durchgeführten Entwässerungsmaßnahmen, Eindeichungen, Umwandlung von Sumpfgebieten in Grünland u. a., also Lebensraumzerstörungen, führten zu drastischen Einbußen der Rohrweihenbestände in Deutschland und anderen Ländern Europas. Weitere Verluste durch Abschuß dezimierten die Bestände zusätzlich. Erst mit der Einführung der ganzjährigen Schonzeit (1970) erholten sich die Bestände langsam. Lokal konnten Brutpaardichten z. B. von ca. 40 BP pro 100 km^2 festgestellt werden.

Doch in den letzten Jahren ist der Brutbestand rückläufig. Zwar haben Ringfunde ergeben, daß fast 60 % der tot gemeldeten Rohrweihen durch direkte bzw. indirekte menschliche Einflüsse gestorben waren (Abschuß, Vergiftung, Drahtanflug u. a.), doch scheint die negative Tendenz eher auf Habitatverluste bzw. -verschlechterungen zurückzuführen zu sein. Renaturierungsmaßnahmen von Feucht- und Auengebieten könnten langfristige Schutzstrategien sein, neben einem vollen gesetzlichen Schutz. Rote Liste: Kategorie 3 – gefährdet.

Kornweihe *Circus cyaneus*

Kennzeichen: Wie bei allen Weihen, so werden auch bei der Kornweihe im gleitenden Segelflug die Flügel V-förmig gehalten. Sie ist nicht ganz bussardgroß, sehr schlank, mit langem Schwanz und langen Flügeln. Erwachsene Männchen (ad.) sehen auf große Entfernung hell tauben-blau aus, mit deutlich abgegrenzten schwarzen Flügelspitzen. Federn der Armschwinge haben eine schwarzes Endband, das durch eine weiße Abschlußkante kontrastiert wird. Aus der Nähe gesehen ist der Rücken aschgrau, Kopf und Brust sind etwas dunkler. Die Oberschwanzdecken leuchten schneeweiß. Weibchen sind dunkelbraun, Bauch und Brust sind heller mit Streifen. Oberschwanzdecken sind ebenfalls weiß und deutlich abgegrenzt. Die „braunen" Weibchen und Jungvögel der Korn-, Wiesen- und Steppenweihe können nur von sehr geübten Beobachtern unterschieden werden, da alle drei Arten weiße Oberschwanzdecken besitzen. Männchen wiegen 300 bis 400 g und Weibchen 410 bis 710 g, bilden also deutlich zwei Größenklassen. Stimme ist sehr variabel. Keckernde Rufreihen (Warnen, Schauflug) und Pfeiflaute (Schauflug des Männchen, Betteln des Weibchens) werden in der Nähe des Horstes ausgestoßen.

Verbreitung: Im Prinzip Brutvogel von Nordportugal und Spanien im Südwesten, Irland und Schottland im Westen und Mittelnorwegen, Lappland im Norden; ein Band zieht sich bis zur Obmündung; wenn auch mit erheblichen Lücken in Mitteleuropa. In Deutschland kommt die Kornweihe nur in Restbeständen vor (kaum 40 Brutpaare hauptsächlich auf den Ostfriesischen Inseln), da Heide- und insbesondere Moorgebiete zu größtem Teil als Lebensraum zerstört wurden.

Bruthabitat: Die Kornweihe ist ein Bodenbrüter, der offene Landschaften mit niedrigem Bewuchs, wie Moore, Heiden, Verlandungszonen, Feuchtwiesen und Dünen, bevorzugt. In Schottland nimmt die Kornweihe auch Schonungen aufgeforsteter Moore an. Die Horste werden in dichteren Vegetationsstreifen angelegt.

Beutespektrum/Jagdverhalten: Die Beute wird im Suchflug überrascht, wobei die Kornweihe Deckungen ausnutzt und plötzlich erscheint (Überraschungseffekt). Felder, Feuchtgebiete, Moore werden systematisch im relativ langsamen Gleitflug abgesucht. Auch eine akustische Ortung von Beutetieren ist möglich. Die

Kornweihe, Männchen.

Hauptnahrung besteht aus Kleinsäugern, Wühlmäusen und Kleinvögeln. Bei Einzelbeobachtungen können Singvögel 50 % der Gesamtbeute ausmachen. Daneben werden Rallen, Limikolen und Kaninchen u. a. erbeutet.

Brutbiologie/Fortpflanzung: Einjährige Vögel können brüten, doch tritt die Brutreife in der Regel erst mit 2 bis 3 Jahren ein. Nach Ankunft aus den Überwinterungsgebieten Ende März, Anfang April beginnen die Revieraktivitäten. Die Männchen erreichen und besetzen zuerst die Reviere und signalisieren vorbeifliegenden Weibchen durch Schauflüge ihre Fitneß. Alte, jagderfahrene Männchen binden und verpaaren sich manchmal mit 2 bis 3 Weibchen (Polygynie), deren Brut sie auch mit Beute versorgen. Vornehmlich baut das Weibchen den Horst. Im Mai werden 4 bis 6 matt-weiße Eier (selten 2 bis 3 oder 7) gelegt. Legeabstand: 2 Tage. Brutdauer: 31 Tage, Nestlingsdauer 32 bis 42 Tage. Kurz vor der Brut, während der Brutzeit (nur das

Kornweihenweibchen im Flug.

Weibchen brütet) und bis zur 3. Lebenswoche der Jungvögel wird das Weibchen vom Männchen mit Beute versorgt. Beuteübergabe findet in der Luft statt. Das Weibchen füttert die Jungen alleine. Pro erfolgreicher Brut fliegen in Mitteleuropa 2,5 bis 2,9 Junge aus, doch pro angefangener nur 1,1 bis 1,4. Über 50% der Bruten können ausfallen. Die Verlustursachen sind vielgestaltig: Klima (naßkalte Witterung führt zu Nahrungsmangel), Wildschweine, Mensch, Habicht, Fuchs, Krähe u. a. Über 60 % sterben zusätzlich im ersten Jahr, 30 % eines Jahrganges in der Folgezeit.

Wanderungen: Kornweihen sind Kurzstreckenzieher, die Mitte/ Ende August die Brutheimat verlassen. Überwinterungsgebiete sind West-, Südwest- und Südeuropa. Rückzug und Eintreffen in den Brutgebieten ist Ende März/Anfang April.

Bestand/Bestandtrends: Mitteleuropa ist sehr dünn besiedelt. Der Gesamtbestand wird auf ca. 250 Brutpaare (Deutschland 40 BP) geschätzt. Rückgangsursachen sind die Industrialisierung der Landschaft (Landwirtschaft, Forstwirtschaft, Wasserwirtschaft, Torfindustrie etc.). Brut- und Jagdhabitatzerstörung sind heute die hauptsächlichen Rückgangsursachen dieser Art (vor 1970 auch Abschuß), die sich in Zukunft auch wohl kaum abstellen lassen, wenn nicht grundlegende Biotop-Management-Maßnahmen getroffen werden. In optimalen Biotopen (Westfriesische Inseln) können 11 bis 45 BP pro 100 km^2 vorkommen, doch diese Lebensräume fehlen in Deutschland weitestgehend. Rote Liste: Kategorie 1 – vom Aussterben bedroht.

Wiesenweihe *Circus pygargus*

Kennzeichen: Wie bei der Rohrweihe und der Kornweihe sind auch die Geschlechter der Wiesenweihe unterschiedlich gefärbt. Beim Männchen sind die Oberseite, der Kopf und die Brust aschgrau, die Unterseite etwas heller, weißlich mit rostroten Längsstreifen. Deutliches Unterscheidungsmerkmal sind die beiden Armbinden, von denen man von unten beim Fluge eine, in der Aufsicht beide sehen kann. Deutlich heben sich ferner die dunklen Handschwingen ab (von 10 sind die 8 äußeren schwarz). Die braun gefärbten Weibchen und Jungvögel sind von der Kornweihe im Flug schwer zu unterscheiden, besitzen sie doch auch die weißen Oberschwanzdecken. Jungvögel der Wiesenweihe aber sind bei günstigen Lichtverhältnissen gut an der einheitlichen rostroten Unterseite zu bestimmen. Ferner kann man nach dem Ausschlußprinzip vorgehen, denn Wiesenweihen sind Zugvögel und kommen im Winter nicht bei uns vor, im Gegensatz zur Kornweihe. Bei der Wiesenweihe gibt es auch braune bis schwarzbraune melanistische Formen. Die bei der „normalgefärbten" Weihe gelbe Wachshaut ist bei der dunklen Morphe intensiv orange. Wiesenweihen sind graziler als Kornweihen, mit schmaleren, längeren Flügeln und längerem Stoß. Auch sie tragen im gleitenden Segeln – wie alle anderen Weihen – die Flügel V-förmig nach oben.

Männchen rufen bei Schauflügen und in Erregung (helle gägägäg-Rufreihen), Weibchen verwenden durchdringende kijkijikij-Rufreihen als Alarmsignale.

Verbreitung: Die Wiesenweihe kommt von Europa bis West- und Mittelsibirien vor; die nordische Waldzone ist die Nordgrenze, die Steppengebiete sind z. T. die Südgrenze. Ihre Verbreitung in Deutschland liegt hauptsächlich in Westfalen, Niedersachsen und Schleswig-Holstein.

Bruthabitat: Ursprüngliche Bruthabitate sind Verlandungszonen mit vereinzelten, kargen Schilfbeständen, Feuchtwiesen mit hohem Seggenanteil und offene Buschlandschaften. Sekundär werden Getreide- und Rapsfelder zum Horstbau angenommen, mit zunehmender Tendenz zu den Getreideschlägen.

Beutespektrum/Jagdverhalten: Die Wiesenweihe jagt ähnlich wie die anderen „Weißbürzelweihen" im niedrigen Suchflug als

Wiesenweihen im Flug.

Überraschungsjäger über kurzer Vegetation (Weiden, Wiesen, Wegränder in Feldern, Gräben, Ruderalflächen, Brachland u. a.). Sie erbeutet Kleinsäuger (Mäuse), Vögel (Singvögel), Eidechsen und Insekten. Der prozentuale Anteil der jeweiligen erbeuteten Tiere hängt von der Zusammensetzung des erreichbaren Beuteangebotes ab, d. h. der Beutetieranteil spiegelt die Verteilung der Beutetiere in dem jeweiligen Jagdhabitat wider. Der Vogelanteil kann so 40 bis 70 %, der Kleinsäugeranteil 5 bis 24 % und der Echsenanteil 20 bis 70 %, je nach Lebensraum, betragen.

Brutbiologie/Fortpflanzung: Im Alter von 2 bis 3 Jahren schreiten die Wiesenweihen zur Brut. Die Balz beginnt nach Eintreffen aus den Winterquartieren April/Mai. Die Männchen zeigen den, allen Weihen mehr oder weniger eigenen, typischen, spektakulären Balz- bzw. Schauflug, wodurch die Weibchen angelockt werden. Es herrscht im Prinzip saisonale Monogamie, doch da Ortstreue besteht, können dieselben Partner wiederholt zusammen die Brut aufziehen. Das relativ kleine Nest (aus trockenem Pflanzenmaterial) wird vornehmlich vom Weibchen in ausreichender Deckung gebaut. Legebeginn: Mitte Mai bis Anfang Juni. 3 bis 5 (selten 2 oder 6) weiße Eier werden in einem Abstand von 2 bis 3 Tagen gelegt. Während der Brutdauer (27 bis 30 Tage) und bis zum Alter der Jungen von 2 Wochen (das Weibchen brütet alleine und hudert die Nestlinge so lange) jagt nur das Männchen und versorgt Weibchen und Brut mit Beute. Nach 39 bis 40 Tagen fliegen die Jungen aus. Noch 2 bis 3 Wochen bleibt der Familienverband erhalten. Bei Wiesenweihen wurde Bigamie (gleichzeitig und/oder zeitlich verschachtelt) beobachtet. Der Bruterfolg pro begonnener Brut liegt niedrig bei 0,5 bis 2,2 pro Paar und Jahr.

△ Männchen der Wiesenweihe. ▽ Wiesenweihe, Weibchen.

Zum Teil sind nur 50 % der Bruten überhaupt erfolgreich. Der Brutausfall kann durch Witterung, natürliche Feinde (Füchse, Ratte) oder menschliche „Eingriffe" (Ernte, Freizeitaktivitäten) verursacht werden.

Wanderungen: Die Wiesenweihe ist ein Langstrecken- und Breitfrontzieher, der das Brutgebiet ab August verläßt. Nachzügler (z. T. Jungvögel) sind noch im Oktober zu sehen. West- und mitteleuropäische Weihen überwintern südlich der Sahara bis Südafrika. Die Brutreviere werden gegen Ende April bis Anfang Mai bei uns wieder bei besetzt.

Bestand/Bestandtrends: In Deutschland wird der Bestand auf 230 Paare geschätzt. In Mitteleuropa ist insgesamt eine erhebliche Bestandsabnahme zu verzeichnen, wenngleich lokal kleine Populationen zunehmen können (In Nordrhein-Westfalen von 20 BP 1975 auf 45 BP in 1993), insbesondere dort, wo intensive Schutzmaßnahme an Feldbruten vorgenommen werden. Aufgrund der Siedlungsweise, punktuell verstreute Einzelhorste oder kolonieartige Verteilung der Nester (min. Abstand zwischen zwei Horsten 60 m), sind Siedlungsdichteangaben methodisch schwer möglich. Jagdreviere haben im Mittel einen Durchmesser von 5 bis 8 km. Es gibt theoretische Dichten von einem Brutpaar auf 17 km^2. Insgesamt scheinen Lebensraumzerstörungen (Entwässerungen, Landwirtschaft) – ähnlich wie bei der Kornweihe –, der Einsatz von Pestiziden in den Überwinterungsgebieten, Abschuß auf dem Zuge und der hohe Gefährdungsgrad von Getreidebruten durch Ernten, Ursachen des Rückganges zu sein. Ringfundauswertungen zeigten, daß ca. 75 % der Totfunde direkt oder indirekt auf den Einfluß des Menschen zurückzuführen waren. Intensive Schutzmaßnahmen, Renaturierung und weltweite Verbote langlebiger Pestizide (dies ist ein grundsätzliches Problem), könnten den negativen Bestandtrend in Mitteleuropa aufhalten. Rote Liste: Kategorie 1 – vom Aussterben bedroht.

Habicht *Accipiter gentilis*

Kennzeichen: Der Habicht weist einen deutlichen Geschlechtsdimorphismus in bezug auf Größe (Männchen 50 cm, Weibchen 60 cm) und vor allem Gewicht auf: Weibchen im Mittel 1130 g, Männchen im Mittel 740 g. Das Männchen ist also ein Drittel

Junger Habichtterzel im Flug.

kleiner, deshalb auch Terzel genannt. Als Anpassung an eine deckungsreiche Waldlandschaft sind die Flügel des Habichts relativ kurz, breit und abgerundet. Der Schwanz ist lang und ebenfalls abgerundet und auf ihm sind – im Fluge nur beim kreisenden Segeln zu erkennen – vier deutliche Querbänder sichtbar. Altvögel (ad.) haben auf weißem Grund eine dunkle feine Querbänderung, Unterschwanzdecken sind rein weiß und besonders bei der Balz (im Flug und sitzend) als weißer dichter „Ball" unter der Schwanzwurzel sichtbar. Die Oberseite ist schiefergrau (bei Männchen fast immer) bis braun-(schwarz, schiefer)-grau (oft bei Weibchen), mit dunklerer Kopfplatte und weißem Überaugenstreifen. Jungvögel sind auf der Oberseite braun mit hellen bis rostroten Federsäumen. Die rostrote bis beige Unterseite ist dunkelbraun längsgefleckt, der Überaugenstreifen nicht so deutlich abgesetzt wie bei Altvögeln. Die Iris ist bei Nestlingen blaugrau, im ersten Lebensjahr gelb und nimmt im Laufe des Alters eine orange-rote oder rotbraune Farbe an. Habichtsmännchen können mit Sperberweibchen im Flug verwechselt werden, doch Sperberflügel sind kürzer, schmaler, und der Schwanz wirkt „abgeschnitten" gerade. Der Flügelschlag ist beim Habicht im Vergleich langsamer mit längeren Gleitphasen, beim Sperber schneller, hastiger mit kurzen Gleitphasen. In der Nähe des Horstes sind deutliche Rufreihen (gigiggig) als Warnrufe, Lockrufe des Männchens beim Beutezutragen am Horst, oder kiää-Laute von beiden Geschlechtern zu hören. Gestörte Jungvögel im Nest und ausgeflogene rufen schrill kikikki.
Verbreitung: Der Habicht ist ein Vogel der eurasischen Waldzonen bis an den Pazifik und ist in entsprechenden Lebensräumen in Nordamerika *(A. g. atricapillus)* verbreitet. In diesem großen Areal bildet er verschiedene Unterarten aus, wobei die nördlichen z. T. erheblich größer sind *(A. g. buteoides,* Männchen bis 1170 g, Weibchen 1600g) als die südlichen *(A. g. marginatus,* Männchen 600g, Weibchen 1800g), und in Sibirien und Kamtschatka kommen vollständig weiße Individuen vor *(A. g. albidus).* Nach Einführung der Schonzeit (1970) und Verbot einiger Pestizide (1970) haben sich die stark dezimierten Habichtbestände erholt und heute (1995) ist er in allen geeigneten Lebensräumen zu finden. Teilpopulationen zeigen eine hohe Anpassungsfähigkeit an vom Menschen dichtbesiedelte Stadtrandbereiche (z. B. Köln, Saarbrücken, Berlin).

Habicht.

Bruthabitat: Bevorzugt wird eine abwechslungsreiche Landschaft mit Feldern, Wiesen und Wäldern. Während der Zeit der extremen Verfolgung horstete der Habicht fast nur inmitten großer Altwaldbestände (Rückzugsgebiete). Bei flächendeckenden Beständen werden die Nester auch in kleinen Wäldern und Feldgehölzen angelegt, wobei auch hier die Horstlage möglichst weit vom Rand entfernt ist. Falls Schneisen in Wäldern (Wege) vorhanden sind, wird oft unmittelbar an ihnen der Horstplatz ausgesucht. Eichen, Buchen, Kiefern, Fichten und Lärchen werden als Nestort gewählt, mit einer leichten Bevorzugung für

Nadelbäume. Der Horst wird bevorzugt direkt am Stamm auf waagerechten Ästen oder in Quirlen aufgeschichtet (15 bis 25 m hoch). Da Nester wiederholt bezogen werden, können sie bei einem Durchmesser von 1 m auch 1 m hoch werden. In der Nähe von Horsten auf Laubbäumen sind oft Fichtenanpflanzungen zu finden (Ruhe-, Schlafplätze).

Beutespektrum/Jagdverhalten: Habichte sind im großen und ganzen „Beute-Opportunisten". Entsprechend der Häufigkeit und Erreichbarkeit der potentiellen Beutetiere in ihrem Habitat sieht auch ihr Beutespektrum aus. Die deutlich ausgebildeten Größenklassen der Geschlechter erlauben eine Nutzung der Tierbestände, ohne daß Männchen und Weibchen sich erhebliche Konkurrenz machen (Konkurrenzvermeidung). Männchen jagen bevorzugt Vögel (vom Kleinvogel bis hin zur Hühnergröße, insbesondere Amseln, Stare, Haustauben, Ringeltauben, aber auch Eichelhäher, Elstern und Krähen), der Säugetieranteil ist gering (Maus bis Jungkaninchen). Die Beute des Weibchens ist im Mittel größer (bei fast gleichen Vogelarten außer Kleinvögeln), und der Anteil an Säugern – falls diese häufig sind im Jagdgebiet – ist höher (Kaninchen, Hasen). Beide Geschlechter bevorzugen aber Tauben, die den Hauptbeuteanteil ausmachen. Die Jagdstrategien des Habichts sind variabel: Er ist ein Überraschungsjäger, der Beutetiere plötzlich überrumpelt, indem er zum „Anpirschen" jede mögliche Deckung, wie Hecken, Gräben, Häuser ausnutzt. Orte, an denen er wiederholt erfolgreich gejagt hat, werden im reißenden Jagdflug – unabhängig, ob Beute vorhanden ist – aufgesucht. Bei diesen Taktiken findet nur eine minimale Selektion der Beute statt. Terzel können Taubenschwärmen „nachsteigen" und einzelne Tiere abspalten und in Stößen oder in einem direktem Verfolgungsflug ergreifen. Bei diesen Jagden werden kranke, schwache, mausernde Vögel ausgelesen. Aber auch die Ansitzjagd wird betrieben: Auf einem Ast am Waldrand wird auf Beute gewartet, die dann wieder in einem „Überraschungsflug" angejagt wird. Kann der Habicht z. B. eine Ringeltaube im ersten Anflug nicht sofort schlagen, geben weibliche Vögel – anders als die Männchen – oft nach kurzem Verfolgungsflug auf.

Ein besonders kontrovers diskutiertes Problem ist das „Wegfangen" von Habichten zum vermeintlichen Schutz seltener Tiere. Zwar kann er Restbestände von Rebhuhn und Birkwild erheblich dezimieren, bringt sie lokal zum Aussterben, doch die Ursache des Aussterbens liegt nicht beim Habicht, sondern in dem durch den Menschen veränderten Lebensraum. Ein „Wegfangen" des Habichts ist deshalb keine geeignete Maßnahme. Zu rechtfertigen ist diese Methode nur, wenn nach Wiederherstellung der Lebensraumansprüche zu erwarten ist, daß die Population nach einer zahlenmäßigen Erholung in Zukunft „mit" dem Habicht leben kann, sie aber zunächst in so geringen Zahlen vorkommt, daß jeder Verlust eines Individuums der Restpopulation die Gefahr des Auslöschens birgt.

Brutbiologie: Noch vor Vollendung des ersten Lebensjahres können Habichte brüten. In Populationen, die im Wachstum begriffen sind oder neu Lebensräume besiedeln, brüten Jungvögel regelmäßig. In intakten Beständen kommen hauptsächlich Vögel im 2. und 3. Lebensjahr erstmalig zur Fortpflanzung. Es besteht Einehe und Reviertreue. Männchen und Weibchen bauen Nester gemeinsam (mehrere Ausweichhorste können angelegt werden); welcher Horst bezogen wird, entscheidet das Weibchen durch Eiablage. Der Horst wird begrünt. Balz beginnt im Januar/Februar, erreicht ihren Höhepunkt im März. Eiablage Anfang April. Das Gelege besteht aus 3 oder 4 Eiern (2, 5 selten), die grünlichweiß sind. Legeintervalle 2 (3) Tage. Vom 2. Ei an wird 38 Tage gebrütet. Vornehmlich brütet das Weibchen, nur wenn es vom Terzel zugetragene Beute kröpft, wärmt das Männchen die Eier. Bereits vor der Eiablage versorgt das Männchen das Weibchen mit Beute, das erst wieder jagt, wenn die Jungen drei bis vier Wochen alt (oder älter) sind. Das Weibchen ist auch während der Brut kaum in der Lage zu jagen, da es mit der Eiablage innerhalb kürzester Zeit (Sturzmauser) einen Teil der Hand- und Armschwingen verliert und so der Flügel große Lücken aufweist. Männchen mausern kontinuierlicher, so daß keine Beeinträchtigungen auftreten. Es jagt manchmal nur wenige hundert Meter vom Horst entfernt, maximal 3 bis 4 km. Je nach Habitatqualität schwankt die Reviergröße zwischen 5 und 30 km^2.

Da das Weibchen während der Brut und Aufzucht der Jungen in Horstnähe bleibt, liegt ein Großteil des Gefieders in der Umgebung des Nestes. Die Nestlingszeit beträgt ca. 40 Tage. In diesem Alter stehen die Jungen auf den Ästen in der Nähe des Horstes als sog. Ästlinge. Wenige Tage später sind sie gut flugfähig, werden aber noch 3 bis 4 Wochen von den Eltern mit Beute versorgt. Im Mittel werden 2,4 Jungvögel pro erfolgreicher Brut und Jahr groß, insgesamt fliegen nur 1,9 Junge pro Paar und Jahr aus. Die Todesrate im 1. Jahr liegt zwischen 30 und 70 %, in den folgenden Jahren zwischen 20 und 30 %.

Wanderungen: Nördliche Habichtspopulationen wandern bis zu einem gewissen Grade (bis zu 1000 km), mitteleuropäische nur ausnahmsweise. Bei uns bleiben die Altvögel im Jagdrevier, Jungvögel verstreichen in die nähere Umgebung bis durchschnittlich 30 km, können aber ins Brutrevier der Eltern nach Monaten zurückkehren bzw. es durchstreichen.

Bestand/Bestandtrends: Die Brutpaarzahlen für Deutschland schwanken je nach Einstellung der Autoren zu diesem Greifvogel und angewandter Hochrechnungsmethode zwischen 7100 und 24 000 BP, wobei 12 000 BP und mehr als realistisch angesehen werden können. Insgesamt scheinen die Habichtsbestände intakt zu sein, wenngleich Teilpopulationen (soweit man davon reden kann) unterschiedliche Trends zu zeigen scheinen (Bayern, Schleswig-Holstein leichte Abnahme, NRW stabil z. T. auf hohem Niveau). Mit Einführung der ganzjährigen Schonzeit (1970) und dem gleichzeitigen Verbot gewisser Pestizide, wuchsen die Habichtsbestände in Deutschland nach 1970 exponentiell an; denn insbesondere während der „Pestizid-Ära" zwischen 1955 und 1970 war die bis dahin relativ stabile Population – wenn auch auf niedrigem Niveau – auf kritische Werte herabgesunken. Der „glückliche" Zufall, daß zwei der gravierendsten Negativfaktoren (Pestizide, Abschuß) für den Habicht zur selben Zeit, im „letzten" Moment, ausgeschaltet werden konnten, hat die Habichtbestände eindeutig gerettet. In optimalen Biotopen können 20 BP auf 125 km^2 brüten, in pessimalen 3 BP je 100 km^2. Wieweit die momentan zu beobachtenden Schwankungen positiv oder negativ zu bewerten sind, läßt sich nicht beurteilen. Untersuchungen in den Niederlanden zeigen deutlich, daß die Bestände dort „natürliche" Populationswellen entsprechend der Umweltkapazität aufweisen, die, wie zu erwarten, auf Selbstregulation zurückzuführen sind. Möglicherweise haben wir in Deutschland dasselbe Phänomen. Diskutiert wird in Deutschland für den Rückgang auch Saurer Regen (?) und eine grundsätzliche Habitatverschlechterung. Interessant ist die Entwicklung von „Stadtpopulationen", z. B. im

Kölner Grüngürtel, wo Habichte in unmittelbarer Nähe von Siedlungen und stark vom Menschen frequentierten Parks balzen, brüten und sehr erfolgreich Junge aufziehen und in Vorgärten in Anwesenheit von Menschen Äste zum Begrünen des Horstes abbrechen, ohne sich stören zu lassen. Diese Population nimmt ständig zu (1996). Rote Liste: Kategorie 3 – gefährdet.

Sperber *Accipiter nisus*

Kennzeichen: Der Geschlechtsdimorphismus bei dieser Art ist noch auffälliger als beim Habicht, von dem der Sperber die „verkleinerte Ausgabe" ist. Weibchen wiegen 290 g, Männchen 150 g, sind also nur halb so schwer wie der Partner. Der Größen-

Sperberweibchen auf dem Horst.

unterschied ist nicht so deutlich (Männchen ca. 32 cm, Weibchen ca. 37). Die Flügel sind kurz und abgerundet, der Flügelschlag kürzer und hektischer als beim Habicht, der Stoß lang, und nicht abgerundet wie beim Habicht (Habichtmännchen und Sperberweibchen können leicht verwechselt werden), mit vier Querbinden. Geschlechtsreife (adulte) Weibchen sind auf dem Rücken schiefergrau bis schwarzgrau, mit einer braungrauen Querbänderung (Sperberung) auf der weißgrundigen Unterseite und z. T. mit rötlichem Anflug an den Seiten. Augenstreifen nicht immer deutlich, kann fehlen. Adulte Männchen sind auf der Oberseite blaugrau; Unterseite mit rötlicher Querbänderung, die sehr variabel in der Stärke der Ausprägung sein kann. Augenstreifen fehlend oder andeutungsweise ausgebildet. Bei Jungvögeln sind die Federn der Oberseite braun mit mehr oder weniger breiten, hellen (beige bis rostbraunen) Federsäumen. Vorderseite ist breiter quergebändert, Brustpartie mit pfeilspitzen- bis tropfenähnlicher Zeichnung. Im Horstbereich helle gigigig-Rufreihen in Erregung (Warnrufe), Ähnliche Lautäußerungen sind bei der Balz zu hören. Bettellaute der Jungvögel wehmütig wüüüü, kleine Nestlinge betteln zart dididi.

Verbreitung: Ähnlich dem Habicht ist der Sperber von Eurasien bis Kamtschatka und Japan verbreitet, zusätzlich noch in Nordafrika. In Nordskandinavien und Sibirien z. T. fehlend. In Deutschland flächendeckend verbreitet.

Bruthabitat: Der Sperber ist eine ausgesprochene Anpassung an den Wald. Deckungsreiche und gegliederte Waldlandschaften werden bevorzugt bewohnt. In den letzten Jahren werden auch Stadtrandgebiete, baumbestandene Vorgärten, selbst wenn sie vollständig von Häusern umbaut sind, in Städten (z. B. Stadtzentrum von Münster) besiedelt. Neststandorte sind Kiefern-, Lärchen- und Fichtenstangenhölzer, sobald sie durchforstet oder Schneisen angelegt sind, direkt am Stamm (im Mittel 7 m hoch).

Beutespektrum/Jagdverhalten: Der Sperber ist ein ausgesprochener Vogeljäger (90 %), der Säugetieranteil (Mäuse) ist gering. Hauptsächlich werden die in dem Biotop am häufigsten vorkommenden Arten erbeutet, und entsprechend variiert der Anteil der einzelnen Beutetierarten im Beutespektrum. Als Nahrung werden bevorzugt Sperlinge, Meisen, Lerchen, Finken, Amseln, Türkentauben (nur vom Weibchen) geschlagen. Der

Verschiedene Flugbilder eines Sperbers.

Tagesbedarf eines Sperbers sind 2 bis 3 Kleinvögel. Er jagt im deckungsreichen Gelände vom Ansitz oder sucht erfolgversprechende Aufenthaltsorte von Kleinvögeln auf, wo er die Vögel zu überraschen sucht (Überraschungsjäger). Daneben jagt er – oft über Dörfern und offenen Landschaften – aus dem hohen Anwarten im Steilstoß mit angelegten Schwingen. Im Winter kontrolliert er oft „Futterhäuschen". Vögel werden im Flug und auch in der Deckung (Sträucher, Bäume) gegriffen. Viele Sperber verunglücken bei den schnellen Jagdflügen an Drähten und Fensterscheiben. Sperber lösen bei Kleinvögeln spezifische Warnlaute aus, die z. B. bei der Amsel eine Doppelbedeutung besitzen: Ein hohes „Zieh" warnt einerseits die anderen Vögel, andererseits signalisiert es gleichzeitig dem Sperber, daß er gesehen wurde und sein Jagen sich dementsprechend nicht mehr „lohnt".

Brutbiologie/Fortpflanzung: Die Balz beginnt in Abhängigkeit vom Wetter im März. Die Eiablage geschieht nicht vor Ende April, in der Regel Anfang Mai. Geschlechtsreife schon vor Vollendung des ersten Lebensjahres. Sperber leben monogam (Dauerehe bei Standvögeln) und sind reviertreu. Jedes Jahr wird ein neuer Horst meistens in der Nähe des alten angelegt, so daß länger besetzte Reviere mehrere Nester in unmittelbarer Nähe aufweisen. Der Horst wird nicht begrünt, die Mulde wird mit Rindenstückchen ausgelegt. Besetzte Horste kann man an den Dunen erkennen, die das brütende Weibchen vermausert und die am Nestrand hängen bleiben. Wie beim Habicht liegen auch Federn des Großgefieders in Nestnähe, da das Weibchen mit Brutbeginn auch das Großgefieder stark mausert. Gelegegröße: 4 bis 6 Eier (2 bis 7 selten), die auf weißlichem Grund mehr oder weniger stark braun gefleckt sind. Legeabstand: 2 Tage. Brutdauer 35 Tage, Nestlingszeit 25 bis 30 Tage, und entsprechend lang ist auch die Bettelflugperiode, in der die Jungvögel mit Nahrung versorgt werden. 3 bis 4 (3,6 im Mittel) Junge fliegen pro erfolgreicher Brut und Jahr aus (um 2,9 pro Paar und Jahr). Wie bei vielen Greifvögeln besteht Arbeitsteilung der Geschlechter im Brutzyklus. Schon mehrere Tage (10 bis 14) vor der Eiablage wird das Weibchen vom Männchen mit Nahrung versorgt, entsprechend während der Brutzeit. 14 Tage nach dem Schlupf bleibt das Weibchen in unmittelbarer Horstnähe, und erst danach beginnt sie allmählich auch Beute heranzuschaffen. Nur das Weibchen brütet, hudert und füttert die Jungen, die beim Verlust des Weibchens verhungern, obgleich das Männchen weiter Beute heranschafft. Die Beute wird in die Nähe des Horstes gebracht und auf Baumstümpfen und umgefallenen Bäumen gerupft (Rupfsektor).

Wanderungen: In Mitteleuropa ist der Sperber Stand-, Strich- und Zugvogel. Zugvögel fliegen bis Spanien, Frankreich und Nordafrika. Sie ziehen im September/Oktober fort und kehren März/April zurück. Bei uns können Vögel aus Skandinavien und Nordrußland überwintern.

Bestand/Bestandtrends: Der Bestand in Deutschland wird heute auf 15 800 BP geschätzt. Dieser Greifvogel ist, neben dem

Wanderfalken, das Symbol für die Vergiftung unserer Umwelt. DDT und andere Chlorierte Kohlenwasserstoffe (Aldrin/Dieldrin, Lindan) hatten den Sperber lokal in Europa und Deutschland während der 60er Jahre zum Aussterben gebracht (Pestizidsyndrom und hohe Adultensterblichkeit, s. Kapitel „Mensch und Greifvogel I“). Mit dem Verbot dieser Stoffe erholten sich die Bestände nach einer Verzögerungsphase von 10 bis 15 Jahren und sind heute „überall“ in geeigneten Biotopen anzutreffen. Wie weit der Grad der Besiedlung wirklich ist, kann nicht gesagt werden, da hierüber keine Daten bekannt sind. Doch werden wieder Friedhöfe besiedelt, wie vor der „Pestizid-Ära“, und verstärkt stadtnahe und ausgesprochen städtische Habitate. Während der Sperber in Biotopen der „freien“ Landschaft versteckt in dichten Stangenhölzern brütet (Schutz vor dem Habicht), werden in den Städten die Horste „frei sichtbar“ auf Ästen großer Laubbäume eingerichtet. 10 bis 20 Brutpaare können auf 100 km^2 vorkommen. Rote Liste: Kategorie 3 – gefährdet.

Mäusebussard *Buteo buteo*

Kennzeichen: Der Mäusebussard ist ein mittelgroßer Greifvogel, der in vielen Farbtypen vorkommt. Seine Gestalt ist gedrungen, im Flug fallen die breiten Flügel und der kurze Stoß auf. Von einfarbig braunen Vögeln bis zu fast rein weißen gibt es alle Übergänge. Die Flügelspitzen sind aber immer dunkel. Der Stoß ist eng gebändert, mit einer deutlichen Endbinde im Alterskleid. Altvögel sind auf der Unterseite, insbesondere an den Flanken und Hosen, mehr oder weniger deutlich quergebändert, bei einjährigen Vögel besteht die Tendenz zur Fleckung. Die Iris ist gelblich grau bis braun. Die Männchen wiegen im Mittel 700 bis 800 g, Weibchen 880 bis 1 000 g. Bei fliegenden Paaren können im Vergleich die Geschlechter bestimmt werden. Charakteristisch ist der miauende hiää-Ruf (Volksmund: Katzenaar). Zu Verwechslungen kann es mit dem Rauhfußbussard (1.) im Winter und mit dem Wespenbussard (2.) im Sommer kommen. Zu 1: Der Rauhfußbussard hat einen auffallend weißen Schwanz mit einer deutlich dunklen Endbinde (juv.) oder 2 bis 3, dicht am Schwanzende. Zu 2: Der Wespenbussard hat drei Binden (1 Endbinde und 2 am Schwanzansatz).

Verbreitung: Sein Verbreitungsgebiet umfaßt ganz Europa und erstreckt sich über die gemäßigten Baumzonen bis nach Japan. Auf Island und Irland sowie in Nordskandinavien kommt er nicht vor. In Deutschland ist er flächendeckend verbreitet.

Bruthabitat: Der Mäusebussard ist in Deutschland fast in allen Landschaftsformen zu finden. Das Innere großer geschlossener Waldgebiete meidet er. Den Horst legt er bevorzugt in Randnähe von Waldungen, in der Nähe von Lichtungen, in Feldgehölzen oder Einzelbäumen (Börden, Niederrhein) an. Horstbäume sind: fast alle bei uns vorkommenden Baumarten, bevorzugt werden Eichen, Buchen, Kiefern, Fichten.

Beutespektrum/Jagdverhalten: Die Ernährungsgrundlage ist die Feldmaus. Daneben werden Jungvögel, Reptilien, Amphibien, Schnecken, Insekten, Aas (Unfall-, Erntemaschinenopfer, verludertes Wild) und in nicht geringem Umfang Regenwürmer, insbesondere von Jungbussarden nach Regenfällen im Herbst und Winter, zu Fuß aufgelesen. Typisch für den Mäusebussard ist die Ansitzjad von Bäumen, Wiesenpfählen und Telegraphenmasten. Ein Teil der Beute wird im Rüttelfug gesucht.

Brutbiologie/Fortpflanzung: Der Mäusebussard schreitet mit 2 bis 3 Jahren zur Brut, selten einmal einjährig. Es besteht Saisonehe, möglicherweise auch Dauerehe. Im Februar/März beginnen territoriale Balzflüge (bei warmer Witterung auch früher) über den Brutrevieren. Der Horst wird auf Astgabeln am Stamm oder Seitenästen in 10 bis 20 m Höhe angelegt. Die Nesthöhe hängt etwas von der Größe der benutzbaren Bäume ab. Es können neue Horste angelegt, doch auch alte ausgebessert und aufgestockt werden. Fast immer sind Wechselhorste vorhanden, die wie das letztlich zur Brut ausgesuchte Nest begrünt werden. Männchen und Weibchen bauen. Ende März/Anfang April werden 2 bis 4 (in Abhängigkeit vom Feldmausangebot) grauweiße Eier, die mehr oder weniger stark graubraun bis rotbraun gefleckt sind, in einem Abstand von 2 bis 3 Tagen gelegt. Die Brutdauer beträgt 33 bis 36, die Nestlingszeit 42 bis 49 Tage. Jungvögel fliegen den beutetragenden Eltern entgegen und werden noch ca. 45 bis 55 Tage nach dem Ausfliegen versorgt, bevor sie selbständig werden. Bettelrufe von Mäusebussarden hört man noch bis in den August, ohne daß die Vögel von Eltern noch versorgt werden. Der Bruterfolg liegt im Mittel zwischen 1,1 und 1,8 Jungen pro angefangener Brut und Jahr. 51 % der Jungvögel sterben im ersten Jahr, im folgenden Jahr ca. 32 %, später nur noch weniger als 20%. Diese niedrigen Werte sind bestimmt durch das schwankende Feldmausangebot (bei einem Feldmaustief werden weniger Eier gelegt, Junge können verhungern oder Altvögel schreiten nicht zur Brut) und der Frühsommerwitterung.

Wanderungen: In Abhängigkeit von dem Brutgebiet ist der Mäusebussard Kurzstreckenzieher, Strich- oder Standvogel. Skandinavische Mäusebussarde sind Zugvögel (bis Nordwestafrika, Mittelmeerraum); die mitteleuropäischen sind Teilzieher, da Jungvögel die Reviere ihrer Eltern verlassen und z. T. in Frankreich überwintern. Bussarde der Gebirgslagen können bei anhaltenden Schneelagen zu Strichvögeln werden. Bei uns überwintern Mäusebussarde aus skandinavischen und osteuropäischen Populationen. Zugbewegungen bei uns sind im Oktober und im März/April zu beobachten.

Bestand/Bestandtrends: In Deutschland wird der Bestand auf 69 000 Paare geschätzt. Die Siedlungsdichten liegen im Mittel bei 14 bis 22 BP pro 100 km^2. Der Mäusebussard ist der häufigste Greifvogel in Mitteleuropa. Seine Bestände schwanken lokal in

Mäusebussard und
Rauhfußbussard (rechts) im Flug.

Mäusebussard.

Abhängigkeit vom Feldmausangebot, aber auch von der Witterung. Mäusegradationen können durch ungünstige, schlechte Witterung überdeckt werden, so daß trotz eines hohen Nahrungsangebotes Brutpaarzahlen und Bruterfolg geringer als erwartet bleiben. Vor Einführung der Schonzeit war der Mensch der Negativfaktor, so daß zusammen mit anderen durch den Menschen bedingten Todesursachen ca. 61 % nestjung beringter Vögel direkt oder indirekt durch ihn umkamen. Heute scheinen die Bestände – Fluktuationen eingeschlossen – in Deutschland stabil. Eine Einregulierung der angeblich „zu vielen" verkennt biologische Zusammenhänge, denn insbesondere beim Mäusebussard wird die Selbstregulation über die erreichbare Beute (bedingt Klima) fast modellhaft sichtbar. Rote Liste: nein.

Rauhfußbussard *Buteo lagopus*

Kennzeichen: Der Rauhfußbussard ist in etwa so groß wie der Mäusebussard, mit dem er im Winterhalbjahr auch verwechselt werden kann (Gewicht Weibchen: 1000 g, Männchen 850 g). Besonderes Kennzeichen ist der weiße Schwanz mit der dunklen Endbinde. Adulte Vögel haben neben der breiten Endbinde 1 (Weibchen manchmal) oder 3 (Männchen) weitere Binden. Der Handwurzelbereich weist einen dunklen Flecken auf, Hinterbrust und Flanken mehr oder weniger schwarz (ähnliche Zeichenmuster können auch beim Mäusebussard auftreten), Kehle ist bei Jungvögeln hell, bei Adulten dunkel. Der Lauf ist vorn und seitlich befiedert. Rüttelt regelmäßig.

Rauhfußbussard – hier im Flug an der dunklen Endbinde eindeutig erkennbar.

Verbreitung: Zirkumpolar verbreitet in Tundren und Wald-Tundren. In Mitteleuropa Durchzügler und Wintergast.

Bruthabitat: Offene Strauch- und Moostundren. Horst auf Felsklippen, auf dem Boden, in der Taiga auch auf Bäumen.

Beutespektrum/Jagdverhalten: In der Brutheimat schlägt der Rauhfußbussard Wühlmäuse, Lemminge (90 %) und selten Vögel. Im Winterquartier Feldmäuse, selten Aas. Der Suchflug (oft weihenartig in geringer Höhe über dem Boden) wird durch häufiges Rütteln immer wieder unterbrochen.

Brutbiologie: Geschlechtsreife mit 2 bis 3 Jahren. Verpaarung kann in den Winterquartieren erfolgen (monogame Saison-Ehe, Dauerehe ist fraglich). Ankunft in der Brutheimat April/Mai. Legebeginn ist Mai bis Juni. Es werden 3 bis 5 (max. 7, bei Lemminggradationen) weißgrundige, mit braunen Flecken versehene Eier gelegt, die ausschließlich vom Weibchen ca. 31 Tage bebrütet werden. Die mit 35 bis 42 Tagen flüggen Jungen werden noch rund einen Monat weiter versorgt. Der Bruterfolg schwankt stark in Abhängigkeit vom Kleinsäugerangebot. Im Durchschnitt fliegen 1,76 Junge pro Brut und Jahr aus. Die Siedlungsdichte schwankt je nach Untersuchungsfläche und Nahrungsangebot (2 bis 30 pro 100 km^2).

Wanderungen: Kurz- und Mittelstreckenzieher, der bei uns von Oktober bis März/April als Wintergast (aber auch Durchzügler) beobachtet werden kann. Invasionsvogel: Nach Gradationsjahren seiner Hauptnahrung Lemminge/Wühlmäuse, kommt es manchmal zu einem verstärkten Auftreten in den Überwinterungsgebieten.

Bestand/Bestandtrends: Der Bestand ist in Skandinavien stabil, Schwankungen nur in Abhängigkeit vom Beuteangebot. Anscheinend nimmt die Zahl der Überwinterer bei uns zu (Klimaerwärmung?).

Schreiadler *Aquila pomarina*

Kennzeichen: Der Schreiadler ist etwas größer als der Mäusebussard (Gewicht der Männchen: 1200 g, Gewicht der Weibchen 1500 g) und erscheint insgesamt braun. Im Fluge fallen die breiten, geraden (nicht im Handgelenk geknickten, wie beim

Steinadler), in den Handschwingen stark gefingerten Flügel auf (typisch für Adler). Stoß ist einfarbig braun. Flügeldecken sind aufgehellt gegenüber den Schwungfedern. Bei Jungvögeln ist ein helles Band über dem Unter- und Oberflügel zu sehen, bedingt durch die gelben Spitzen der Flügeldecken (zur Unterscheidung vom Schelladler, der auf dem Oberflügel zwei bis drei Binden aufweist). Ein helles Band ist auch auf den Oberschwanzdecken erkennbar. Weiterhin zeigen die Jungvögel einen hellen Nackenfleck, und sie sehen insgesamt dunkler (schokoladenbraun) aus, bis zur vollständigen Ausprägung des Alterskleides. Die Iris ist leuchtend gelb, der Schnabel grauschwarz, er hebt sich deutlich von der gelben Wachshaut der Nase und Schnabelränder ab. Läufe sind bis zu den Zehen dicht befiedert. Wie der Name schon sagt, ist er ruffreudig: Insbesondere im Brutgebiet hört man tjück-Rufe und einen langen Pfeifton.

Verbreitung: Der Schreiadler bildet ein relativ geschlossenes, kleines Brutareal von Ostdeutschland, Polen, Ungarn, den drei baltischen Staaten, Slowakei, Weißrußland bis in die Türkei. Daneben gibt es noch eine isolierte Population in Nordindien.

Bruthabitat: Bevorzugt werden ausgedehnte, doch mit Feuchtwiesen, Mooren und Teichen durchstrukturierte Laub- und Mischwälder mit z. T. auch offener Landschaft. Bei uns brütet der Schreiadler im Tiefland, er geht aber in anderen Regionen auch bis in trockene Mittelgebirgsbiotope. Horststandorte sind Buchen, Eichen, Fichten (ausnahmsweise Erle) in großen Höhen bis zu 30 m.

Beutespektrum/Jagdverhalten: Jagdweisen sind beim Schreiadler vielgestaltig: zu Fuß schreitend, rüttelnd und im Suchflug. Beutetiere sind Kleinsäuger (Wühlmäuse) und Säuger bis zur Größe von Junghasen. Daneben Jungvögel, Amphibien, Reptilien, Insekten. Die prozentuale Verteilung der Arten auf der „Nahrungsliste“ hängt von der Häufigkeit der einzelnen Beutetiere ab. Aas kann auch aufgenommen werden.

Brutbiologie/Fortpflanzung: Sofort nach Rückkehr aus den Winterquartieren Anfang April, beginnen die Adler mit der Balz und dem Horstbau. Neue Nestanlagen werden errichtet oder auf alten Horsten aufgebaut. Ein und derselbe Horst kann viele Jahre hintereinander bezogen werden. Die Adler leben monogam. Geschlechtsreife tritt mit dem 3./4. Lebensjahr ein. Die flache

Schreiadler.

Mulde wird immer mit grünen Zweigen ausgelegt. Ende April, Anfang Mai werden im Abstand von 3 bis 4 Tagen zwei weiße, braunviolette Eier gelegt. Da vom ersten Ei an gebrütet wird (Brutdauer 38 bis 41 Tage, nur Weibchen brütet, Männchen bedeckt nur kurzfristig das Gelege, wenn das Weibchen atzt) schlüpfen die Jungen auch in einem 3- bis 4tägigem Abstand. Der Zweitgeschlüpfte wird von dem Erstgeborenen solange „bekämpft", bis er eingegangen ist. Nach einer Nestlingszeit von ca. 8 Wochen und weiteren 3 bis 4 Wochen, in denen die Jungen von den Eltern versorgt werden, sind die Jungen selbständig. Die Ausflugraten schwanken regional und in Abhängigkeit vom

Nahrungsangebot zwischen 0,53 und 0,91 Jungen pro Brut und Jahr.

Wanderungen: Die Jungvögel verlassen kurz vor den Eltern, die zwischen dem 5. und 25. September aufbrechen, das Brutgebiet. Der Schreiadler ist ein ausgesprochener Zugvogel, der südlich des Äquators in den Savannen des östlichen Afrikas überwintert. Ende März, Anfang April kehrt er zurück. Während des Herbstzuges (Oktober) wurden in Israel schon einmal 100 000 Adler registriert. Aufgrund der hohen Zahlen nimmt man an, daß das Brutareal im Osten größer ist als bisher angenommen.

Bestand/Bestandsdichte: in Deutschland schätzt man ca. 120 Brutpaare. Im 19. und 20. Jahrhundert ist diese Art in Westeuropa durch Verfolgung (Abschuß) und Veränderung der Landschaft (Straßenbau durch Waldgebiete, Entwässerungen und Verlust feuchter Waldgebiete) ausgerottet worden. In Ostdeutschland ist der Schreiadler dagegen bis heute Brutvogel (lokale Zunahme scheint aber nur auf bessere Untersuchungsmethoden zu beruhen). Erhebliche Verluste treten auch immer noch durch Abschuß (Libanon, Syrien) auf dem Zuge auf. Insgesamt scheint die Bestandstendenz bei uns negativ zu sein, wenngleich von einer Gefährdung nicht gesprochen werden kann. Rote Liste: Kategorie 1 – vom Aussterben bedroht.

◁ Flugbild des Schreiadlers – rechts junges, links erwachsenes Exemplar.
▷ Schelladler im Flug - erwachsener Vogel (links) und Jungvogel (rechts).

Schelladler *Aquila clanga*

Kennzeichen: Der Schelladler ist mit 1700 g für Männchen und 2 300 g für Weibchen etwas größer als der Schreiadler, von dem er schwer zu unterscheiden ist. Altvögel wirken auf große Distanz schwarz, Jungvögel haben auf den Flügeldecken 2 bis 3 helle Bänder.

Verbreitung: Verbreitungsgebiet ist ein Areal, das von Osteuropa quer durch Rußland bis zum Stillen Ozean reicht.

Bruthabitat: Ähnlich wie Schreiadler, doch stärker an Wasser gebunden.

Beutespektrum/Jagdweise: Ähnlich Schreiadler, zusätzlich größere Vögel (Wasservögel). Hauptnahrung Kleinsäuger (Wasserratten, Ziesel, Wühlmäuse u. a.).

Brutbiologie/Fortpflanzung: Der Schelladler baut das Nest auf Laub- und Nadelbäumen. Eiablage im April, 2 (selten 1 oder 3) Eier. Brutdauer: 42 bis 44 Tage. Da vom ersten Ei an gebrütet wird (nur Weibchen brütet), schlüpfen die Jungen im Abstand von 3 bis 4 Tagen. Nestlingsdauer: 60 bis 65 Tage; oft fliegen im Gegensatz zum Schreiadler zwei Jungvögel aus. Noch 30 Tage nach dem Ausfliegen werden die Jungen betreut.

Wanderungen: Abzug aus dem Brutgebiet September/Oktober, Rückkehr ab Mitte März, April. Kurzstreckenzieher nach Nordostafrika und Vorderasien, einige Exemplare überwintern im Westen der Türkei und Südeuropa. Wird in Deutschland nur ausnahmsweise auf dem Zug beobachtet.

Steinadler *Aquila chrysaetos*

Kennzeichen: Der Steinadler ist kleiner und eleganter als der Seeadler, und er zeigt einen deutlichen Geschlechtsdimorphismus (Männchen wiegen im Mittel 3 700 g, Weibchen 5 000 g; Spannweite Männchen ca. 2 m, Weibchen ca. 2,20 m). Altvögel sind einheitlich braun, der Rücken wirkt etwas heller und Scheitel und Nacken goldgelb. Jungvögel haben ein „weißes Fenster" in den Schwungfedern, d. h. die Basis der inneren Handschwingen ist weiß und im Fluge deutlich auf der Ober- und Unterseite zu erkennen. Die Jungvögel haben einen weißen Schwanz mit einer schwarzen Endbinde; bei den Altvögeln hingegen erscheinen die Stoßfedern dunkel mit einer sehr breiten Endbinde und grauschwarzer Marmorierung an der Basis (sehr variabel). Die Flügel sind lang und schmal und an den Enden aufgefingert, mit einem Knick im Handgelenk. Im Gegensatz zu anderen Adlern werden die Flügel während des Segelns leicht angehoben. Die Füße sind bis zu den Zehen befiedert. Die Schnabelspitze ist schwarz, Basis grau, Wachshaut gelb. Am Auge zeigt die Iris eine mattgelbe, hellbraune bis braune Farbe. Erst mit 5 bis 6 Jahren hat der Adler über Zwischenstufen sein endgültiges Alterskleid. Rufe sind weit zu hören. Melodische bis keckernde Klüklüklü- bzw. kjekkjekje-Reihen, am Horst auch Einzellaute giak. Nestlinge betteln durchdringend iijhäb.

Verbreitung: Der Steinadler kommt in abgelegenen Gebirgen Europas bis Ostasiens (einschließlich Korea und Japan), in Nordafrika und in Amerika von Alaska bis Zentralmexiko vor. Bei uns ist er auf die Alpenregion beschränkt.

Bruthabitat: Der Steinadler der Alpen brütet in Felswänden und auf Bäumen mit freiem Anflug. Während die Horste unterhalb der Baumgrenze liegen, bevorzugt er als Jagdgebiet die freien Bereiche oberhalb der Baumgrenze.

Beutespektrum/Jagdverhalten: Die Beute des Steinadlers ist saisonbedingt und richtet sich nach den jeweils erreichbaren Beutetierarten des Biotops. Vornehmlich werden Säuger (Murmeltiere im Sommer, Gems- und Rehkitze, Schneehase und Fuchs) und Vögel (Rauhfußhühner: Birk-, Auer- und Schneehühner) geschlagen. Im Winter wird auch Fallwild angenommen. Gejagt wird vom Ansitz oder aus dem Suchflug, wobei der Adler plötzlich über einem Felsgrat erscheint und Beutetiere überrascht.

Brutbiologie/Fortpflanzung: Im Januar führen die Paare, die in Dauerehe leben, beeindruckende Balzflüge durch (Girlandenflüge). Nester werden auf Felsbändern und Felsvorsprüngen angelegt. Da Nester häufig wieder bezogen werden, können sie durch die Bautätigkeit (Männchen und Weibchen bauen) bis 2 m Höhe erreichen. Die Nestmulde wird mit Gras und Laub ausgepolstert. Jedes Paar besitzt mehrere Wechselhorste. Äste tragende Adler können das ganze Jahr beobachtet werden. Legebeginn: März. Ein Gelege besteht meist aus 2 weißlichen Eiern (selten

Fast erwachsener (subadulter) Schelladler. ▷ Steinadler am Horst.

1 oder 3), die z. T. braun-violett-grau gefleckt sind und die in einem Abstand von 3 bis 5 Tagen gelegt werden. Die Brutdauer beträgt 43 bis 45 Tage, und vom ersten Ei an wird gebrütet. Folglich schlüpfen die Junge in 3- bis 5tägigem Abstand, wodurch der Letztgeborene häufig von älteren Küken beim Füttern abgedrängt wird und eingeht. Nur aus 30 % der Horste fliegen zwei Junge aus. Nach 70 bis 80 Tagen können die Adler fliegen. Die Eltern versorgen sie dann noch bis in den Winter (Ausnahme: Januar). Die Fortpflanzungsrate hängt vom Nahrungsangebot und bei intakten Populationen von der Dichte der Territorien und der Anzahl der Nichtbrüter ab, von denen die Revierbesitzer während des Brutzyklus gestört werden. Dennoch scheinen niedrige

Verschiedene Flugszenen beim Steinadler.

Raten von 0,5 Jungen pro Paar und Jahr auszureichen, um den Bestand zu erhalten. Bis zur Geschlechtsreife, die mit etwa 5 Jahren erreicht wird, sterben 70 % der Vögel, in den folgenden Jahrgängen nur noch 7 %.

Wanderungen: Die Altvögel bleiben in ihrem Revier (Standpaare), Jungvögel streichen umher und sind dann auch im Tiefland (Winter) außerhalb der Brutgebiete zu finden.

Bestand/Bestandtrends: Im vorigen Jahrhundert wurde der Adler in den Mittelgebirgen und der Tiefebene in Deutschland ausgerottet. Die in den Alpen zu besiedelnden Biotope sind heute (1996) aufgefüllt. Man schätzt den gesamten Bestand auf 900 Paare, davon in Deutschland 45 bis 50, die aber aufgrund der Selbstregulationsmechanismen z. T. nicht zur Brut schreiten und nur eine geringe Fortpflanzungsrate aufweisen. Man nimmt an, daß der deutsche Bestand sich langfristig bei gleichbleibender niedriger Ausflugrate nur durch Zuzug aus anderen Populationen halten kann. Zunehmender Tourismus im weitesten Sinne (Wanderer, Skisport, Paraglider usw.) stressen zusätzlich (neben den innerartlichen Stressoren) die Bestände, eine Entwicklung, die genau beobachtet werden muß. Rote Liste: Kategorie 2 – stark gefährdet.

Fischadler *Pandion haliaetus*

Kennzeichen: Der Fischadler ist relativ leicht zu erkennen: Er ist größer als ein Bussard (Männchen wiegen ca. 1400 g, Weibchen ca. 1600), hat im Fluge lange, schmale Flügel, die leicht angewinkelt sein können, und eine leuchtend weiße Unterseite mit einem braunen Brustband, das bei Weibchen stärker als bei Männchen ausgeprägt ist. Auch auf größere Entfernung ist ein dunkler Streifen „durch“ die Augenpartie bis zum Hals zu erkennen, der sich von der hellen Kopfplatte absetzt. Die Oberseite adulter Vögel ist braun; Jungvögel wirken auf dem Rücken heller, da ihre Deckfedern hell umsäumt sind. Nacken und Scheitel gestreift, bei Jungtieren stärker. Füße und Wachshaut sind blaugrau, die Iris bei Jungvögeln orange, bei den erwachsenen (ad.) gelb. Ständer sind unbefiedert. Am Brutplatz hohe Rufreihen (jip, jip, jip bzw. kükükükü).

Verbreitung: Der Fischadler ist im Prinzip auf der ganzen Welt (Kosmopolit) verbreitet (Nordhalbkugel, Australien, Afrika, Neuguinea). In Mitteleuropa ist das Vorkommen sporadisch bis lückenhaft; in Deutschland brütet er nur östlich der Elbe.

Bruthabitat: Der Fischadler benötigt offene, klare, fischreiche Gewässer – Seen, Flüsse, auch Meeresküsten –, die oft von

Flugbilder eines Fischadlers.

Wäldern umgeben sind. Horste legt er auf hohen Bäumen (Überhältern), „auf" Baumkronen, aber auch Hochspannungsmasten und künstlichen Nistplattformen an. Der begrenzende Faktor im Bruthabitat scheint der Nistplatz zu sein, der neben der Nahrung Brutpaarzahl und -dichte bestimmt.

Beutespektrum/Jagdverhalten: Der Fischadler erbeutet fast nur Fische bis max. 2 000 g (Vorzugsgewicht: 150 bis 350 g). Der Fischbedarf einer Familie in der Brutheimat wird mit 800 kg bei einem täglichen Bedarf von 300 bis 800 g angegeben. Auf der Jagd werden die Gewässer abgesucht, in dem der Suchflug immer wieder durch Rütteln unterbrochen wird. Macht er einen erreichbaren Fisch unter der Wasseroberfläche aus, stürzt sich der Adler mit angelegten Schwingen und weit nach vorne gestreckten Fängen ins Wasser, das hoch aufspritzt. Mit der Beute erhebt er sich aus dem Wasser bzw. von der Wasseroberfläche, schüttelt im Fluge sein Gefieder trocken, um einen Kröpfplatz oder den Horst aufzusuchen.

Brutbiologie: Mit 3 bis 4 Jahren sind die Fischadler geschlechtsreif. Sofort nach der Ankunft aus den Winterquartieren, bei uns Ende März, beginnt die Balz mit Flugspielen der Männchen. Da Brutplatztreue besteht, können Paare mehrere Jahre während des Brutzyklus zusammen sein (Saisonehe). Alte Horste können immer wieder angenommen werden und nehmen dadurch an Umfang und Höhe zu.

Ende April werden in der Regel drei (selten 2 oder 4) auf mattweißem Grund rotbraun und aschgrau gefleckte Eier gelegt und hauptsächlich vom Weibchen 38 Tage bebrütet. Während des Brütens und der Jungenaufzucht wird das Weibchen vom Männchen versorgt, das auch alleine die Jungen füttert und bewacht. Nach einer Nestlingsdauer von 50 bis 54 Tagen sind die Jungen flügge und verlassen den Horst. Der Familienverband bleibt aber bis zum Wegzug erhalten, und der Horst wird weiter als Beuteübergabeplatz aufgesucht. Die Fortpflanzungsrate erfolgreicher Paare liegt bei ca. 1,8 Jungen pro Paar und Jahr, die Sterblichkeit der Jungvögel bei 54 %. Bruten auf künstlichen Plattformen und Hochspannungsmasten sind erfolgreicher als in Baumhorsten.

Wanderungen: Der Fischadler verläßt bei uns das Brutgebiet von August bis Oktober (Höhepunkt im September) und zieht nach Westafrika südlich der Sahara, aber nicht über den Äquator

Fischadler beim Verzehr der Beute.

hinaus. Noch nicht einjährige Vögel verbringen den Sommer in Afrika. Der Heimzug erstreckt sich von Mitte März bis Anfang Mai, Höhepunkt Anfang April.

Bestand/Bestandtrends: Als Nahrungskonkurrent zum Menschen wurde der Fischadler, der noch im vorigen Jahrhundert in geeigneten Biotopen Mitteleuropas flächendeckend vertreten war, zu Beginn unseres Jahrhunderts nach langanhaltender Verfolgung ausgerottet. Zwar erholten sich die Bestände in den 30er und 40er Jahren etwas (unter Schutzstellung), doch die Zeit war zu kurz bis zur „Pestizid-Ära", die erneut die Restbestände dezimierte. Zwar ist dies nicht genau dokumentiert, doch der Niedergang von Ostseebrutpaaren (Darß u. a.) scheint genügend

Indizien zu liefern; denn parallel zur Erholung anderer Greifvogelbestände zeigte auch der Fischadler den Beginn einer Erholungsphase gegen Ende der 80er Jahre. Heute (1996) wird der Deutsche Brutpaarbestand auf 220 geschätzt, mit steigender Tendenz. Erwachsene Fischadler haben kaum natürliche Feinde und können relativ alt werden (24 Jahre), doch Jungvögel können von anderen Prädatoren (Habicht, Uhu, Steinmarder, Seeadler u. a.) gefressen werden. Da der Fischadler stark ortstreu ist, wird er nur langsam sein Brutareal erweitern, trotz positiver Bruterfolge, ein Phänomen, das auch beim Wanderfalken zu beobachten ist. Vielleicht könnten analoge Managementmaßnahmen Brükkenköpfe schaffen zur schnellen Wiederbesiedlung geeigneter Biotope. Rote Liste: Kategorie 2 – stark gefährdet.

Turmfalke *Falco tinnunculus*

Kennzeichen: Geschlechtsreife (adulte) Turmfalken unterscheiden sich deutlich in der Gefiederzeichnung: Der Kopf der Männchen ist hellgrau, der Rücken rotbraun mit kleinen schwarzen, z. T. rautenförmigen Flecken. Oberschwanzdecken, Hinterrücken und Stoßfedern sind ebenfalls hellblaugrau, wobei das Stoßende eine deutlich schwarze Endbinde mit einem weißen Saum aufweist. Die Unterseite ist cremefarben, leicht gestreift, Unterbauch und Unterflügeldecken fast weiß. Flügelspitzen braunschwarz. Das adulte Weibchen ist einheitlich rotbraun, die schwarze Zeichnung auf dem Rücken deutlicher und quergestreift bzw. -gefleckt. Der braune Schwanz ist mit mehreren Querstreifen und einer deutlichen Endbinde versehen. Die Unterseite ist dunkler als beim Männchen und deutlicher gefleckt. Ein schmaler dunkler Bartstreifen ist angedeutet. Jungvögel ähnlich wie Weibchen: Rücken zwar quergebändert, doch Zeichnung nicht so scharf abgegrenzt (Federsäume der deckenden Federn lichter). Die Spitzen der Handschwingen besitzen bei Jungvögeln helle Säume, und die Flügel sind runder und kürzer als bei Altvögeln. Insgesamt wirkt der Turmfalke spitzflüglig mit einem langen Stoß, der sich zum Ende hin verjüngt. Das Männchen wiegt ca. 200 g, das Weibchen ca. 260 g. Während der Gewichtsunterschied relativ deutlich ist, unterscheiden sich die Körperlängen nicht so augenfällig: Männchen messen 345 cm und Weibchen 357 cm. Die

Flugszenen beim Turmfalken.

Wachshaut und Augenring sind bei adulten Tieren gelb, bei Jungvögeln hellblau bis grüngelb. Die Laute am Brutplatz sind zarte zwrieh-zwrieh-Rufe (Lockrufe), scharfe zick-zick-zick-Laute und grelle kikikik-Rufreihen.

Verbreitung: Seine Verbreitung erstreckt sich über ganz Europa, Nordafrika und Afrika südlich der Sahara und über große Teile Asiens. Bei uns ist er der zweithäufigste Greifvogel (der Mäusebussard ist der häufigste). Die Bestände schwanken stark in Abhängigkeit von Witterung und Nahrungsangebot (Massenwechsel der Feldmaus).

Bruthabitat: Beim Turmfalken kann man im Prinzip zwei Habitate unterscheiden. Einerseits ist er ein Vogel der offenen Agrarlandschaft, wo er in Krähennester von Feldgehölzen, Scheunen, Einzelgehöften, Felsen und Nistkästen brütet, andererseits lebt er in einer reich bebauten Stadtlandschaft, mit Nistplätzen in Kirchen, Türmen, Industrieanlagen und in Dachluken von Siedlungshäusern. Grundsätzlich benötigt er aber zum Jagen freie Flächen mit niedrigem Bewuchs. Jagd und Bruthabitat brauchen nicht identisch zu sein („Stadtfalken“ fliegen bis zu 5 km zu ihren Jagdplätzen).

Beutespektrum/Jagdverhalten: Die Hauptnahrung sind kleine Säugetiere – Wühlmäuse, Spitzmäuse, Maulwürfe. Insbesondere schwanken die Turmfalkenbestände in Mitteleuropa durch eine enge Abhängigkeit von dem Massenwechsel der Wühlmäuse, wobei klimatische Bedingungen (kalte feuchte Frühsommer verringern, warme trockene fördern den Bruterfolg) auch einen gewissen Einfluß haben. Bei Verknappung der Wühlmausbestände werden verstärkt Jungvögel, Reptilien (Eidechsen), Insekten (Heuschrecken, Käfer u. a.) gegriffen. Ausgeflogene Jungfalken bevorzugen die Insektenjagd, bevor sie auf Säuger „umsteigen". Gejagt wird aus dem Rüttelflug (Rüttelfalke), eine hochspezialisierte Form des Ruderfluges, bei dem der Falke, nachdem er eine Weile in der Luft „gestanden" hat, in einem Stoßflug, der kurz vor dem Boden abgefangen wird, auf die entdeckte Beute stürzt, sowie aus dem Ansitz von Weidenpfählen, Telegraphenmasten und Ästen. Die vor allem bei stärkerem Wind energetisch aufwendige, aber eher erfolgversprechende Rüttelflug-Jagd wird im Sommer 5- bis 6mal häufiger angewendet als die mit geringerem Beuteerfolg verbundene Ansitzjagd. Dennoch kann der Turmfalke sich auch im Winter bei leichtem Sturm das Rütteln leisten, da er ein Energiesparverhalten entwickelt hat: Während der Kopf immer auf ein und derselben Stelle bleibt, läßt er seinen Körper innerhalb von Bruchteilen einer Sekunde nach hinten gleiten (quasi Segelflug, der keine Energie kostet) und streckt dabei den Hals maximal, um dann mit Flügelschlägen wieder aktiv nach vorne zu fliegen, bis der Hals jetzt wieder maximal gekrümmt ist. Diese „Hin- und Herbewegung" bringt einen Energiegewinn gegenüber kontinuierlichem Rütteln von 44 %. Da ferner Turmfalken Urinspuren von Mäusen auf den Feldern sehen (Urin reflektiert UV-Licht, und das können sie sehen), wird verständlich, daß sie nicht einfach zufällig bestimmte Jagdgebiete aufsuchen, sondern dort rütteln, wo sie die meisten Urinspuren der Mäuse erkennen.

B r u t b i o l o g i e: Die Geschlechtsreife tritt mit einem Jahr ein. Turmfalken leben in der Regel monogam, möglicherweise existiert Dauerehe (Polygynie und Polyandrie soll beobachtet worden sein). Der Brutzyklus beginnt im März. Dann werden die Territorien besetzt, wenn die Vögel verstrichen oder weggezogen waren, bzw. die Reviere verteidigt, wenn die Paare den Winter am Brutplatz verbracht haben. Unter günstigen Nist- und Nahrungsbedingungen kann es auch zur Koloniebildung kommen. Als Horstbezieher nehmen sie neben „natürlichen" Nestern von Krähen und Elstern auch Mauernischen, Lüftungsrohre in

Turmfalke, erwachsenes Männchen. ▷

Schornsteinen, Scheunen und Nistkästen u. a. Der mittlere Legetermin ist Mitte April, doch kann bis in den Mai hinein gelegt werden. Gelegegröße: 4 bis 6 (im Mittel 6), auf gelblichem Grund mehr oder weniger rotbraun gefleckte und getupfte Eier werden in einem Abstand von 2 Tagen gelegt, und vom vorletzten Ei ab bebrütet. (Als Faustregel gilt, daß bei Falken unabhängig von der Zahl vom vorletzten Ei an gebrütet wird – bei Nachgelegen in der Regel vom ersten.) Wie bei vielen Greifvögeln herrscht auch beim Turmfalken Arbeitsteilung: Das Männchen versorgt das brütende Weibchen und die Jungen mit Nahrung. Da die Weibchen schon vor der Eiablage gefüttert werden, legen Weibchen erfolgreich jagender Männchen eher und durchschnittlich mehr Eier als Weibchen, die mit Männchen verpaart sind, die eine schlechte Jagdausbeute haben. Verbessert sich das Jagdverhalten der „schlechten" Männchen auch während der Brut nicht, verlassen die Weibchen das Gelege, denn sie nehmen an Gewicht ab, da der Energieverlust durch das Brüten höher ist als die Energie, die sie über die Nahrung bekommen. Die Brutdauer beträgt 29 Tage, die Nestlingszeit 30 Tage. Entsprechend lange ist auch die Bettelflugperiode, in der die Jungfalken bis zum Selbständigwerden von den Eltern versorgt werden. In Abhängigkeit von dem Massenwechsel der Wühlmäuse und Klima schwankt die Fortpflanzungsrate zwischen 2,28 und 4,49 Junge pro Paar und Jahr. Während von den Einjährigen nur 40% das zweite Lebensjahr erreichen, also 60 % sterben, sind es in den folgenden Jahren nur noch ca. 45 % und für das dritte Jahr 34 %, die sterben.

Wanderungen: Turmfalken sind von Nord-/Nordosteuropa bis Südeuropa Zug-, Strich- und Standvögel. Mitteleuropäische Populationen bleiben z. T. ganzjährig in der Brutheimat. Zugvögel kehren aus den Winterquartieren, die bis Zentralafrika reichen können, im März zurück, während die Hauptzugzeit in Europa im Herbst in den Monaten September-Oktober liegt. Oft verstreichen oder ziehen auch nur die Jungvögel oder Weibchen. In Deutschland überwintern auch skandinavische Vögel.

Der Bestand in Deutschland wird auf 34 000 geschätzt. Als ausgesprochener Kulturfolger nutzt der Turmfalke Nist- und Jagdmöglichkeiten in der Nähe des Menschen. Als Elstern und Krähen noch grundsätzlich ganzjährig geschossen werden durften, gab es auch Verluste beim Turmfalken, der beim Ausschießen der vermeintlichen „Krähennester“ schon brütete und im Abstreichen versehentlich geschossen wurde. Derzeit besteht von dieser Seite keine Gefahr mehr für ihn. Durch das Anbringen von Nistkästen können für ihn zusätzlich Biotope nutzbar gemacht werden (z. B. baum- und strauchlose Polder in Küstennähe). Die natürliche Mortalität ist aber sehr hoch. Im Jahresverlauf können drei „Todesgipfel“ beobachtet werden: Zum einen im Januar und Februar, wenn die Vögel (juv. und ad.) durch die Witterungsbedingungen verhungern können, zum anderen im Juli, wenn ein Teil der Jungen verunglückt, und drittens im Oktober, wenn einige Jungvögel nicht den Übergang von der Elternversorgung zum Selbständigwerden geschafft haben. Die Siedlungsdichten schwanken in Abhängigkeit vom Nahrungsangebot zwischen 3 und 90 Paaren pro 100 km^2.

Rotfußfalke *Falco vespertinus*

Kennzeichen: Zwar ist der Rotfußfalke tagaktiv, doch geht er noch bis weit in die Dämmerung, in den Abend hinein auf Insektenjagd. Deshalb sein zweiter Name: Abendfalke. Er ist kleiner als ein Turmfalke (die Weibchen wiegen 170 g, die Männchen 150 g), mit kürzerem Schwanz und breiteren Flügeln. Adulte Männchen sind einheitlich schiefergrau/schwarzgrau mit schwarzem Schwanz. Die Unterschwanzdecken und Hosen sind ziegel-

Rotfußfalken – Porträts und Flugskizzen.

rot. Auffällig leuchtend rot sind Wachshaut, Augenring und die Füße mit weißen Krallen. Männchen im zweiten Kalenderjahr wirken „bunter", da die Unterseite gelblich bis grau sein kann und weiterhin ein rotes/gelbes Nackenband sie ziert. Bei adulten Weibchen sind die Unterseite und der Körper rostgelb, und die Oberseite und Schwanz grau mit schwarzen Querbinden. Die Augen sind dunkel umrandet, und der Kopf zeigt einen Bartfleck. Jungvögel können mit dem Baumfalken verwechselt werden, da Oberseite bräunlich und Unterseite längsgefleckt, doch sie haben einen hellen Halsring, und der Schwanz ist deutlich gebändert. Im Verhalten unterscheiden sie sich deutlich, da sie ab und an rütteln. In der Nähe ihrer Kolonie relativ ruffreudig, Erregungslaute sind hell klingende gifgifgifgig-Reihen.

Verbreitung: Vom südöstlichen Rand Mitteleuropas erstreckt sich das Brutareal bis Mittelsibirien zwischen dem 45. und 60. Grad nördlicher Breite bis zur Mandschurei. Getrennt davon im Osten auf etwa gleicher Höhe lebt eine andere Rasse. Bei uns kommt der Rotfußfalke nur ausnahmsweise als Brutvogel vor (5 Bruten und mehrmals Brutverdacht seit 1900). In den letzten Jahren wurden mehr oder weniger regelmäßig im August/September Rotfußfalken in Norddeutschland beobachtet, aber auch für das Frühjahr gibt es Nachweise.

Bruthabitat: Rotfußfalken bevorzugen offenes Gelände, Steppengebiete mit Baumreihen, Feldgehölze und Alleen entlang Flüssen, wo sie in Saatkrähen- und Elsternestern brüten.

Beutespektrum: Der Rotfußfalke ist ein ausgesprochener Insektenjäger (Käfer, Libellen, Heuschrecken), der mit schnellen Flügelschlägen ein Insekt kurz übersteigt und im Herabgleiten mit vorgestreckten Fängen erbeutet und in der Luft frißt. Flügel von Großinsekten (Libellen) werden dabei abgebissen. Oft jagt er vergesellschaftet mit Baumfalken, doch sein Flugstil ist nicht so schnell wie der des Baumfalken, sondern ruhiger gleitend, und er rüttelt gelegentlich in niedrigen Höhen. Z. T. werden Insekten, auch Raupen, zu Fuß am Boden aufgenommen. Daneben erbeutet er auch Mäuse (Wühlmäuse), Echsen und Amphibien. Jagdgebiete sind feuchte Wiesen, Wasserflächen, Moore, also Gebiete mit reichlichem Insektenvorkommen. Ferner schmarotzt er beim Rötelfalken *Falco naumanni*, der verkleinerten Ausgabe des Turmfalken, und versucht in der Nähe von Rötelfalkenkolonien

Männlicher Rotfußfalke.

Weiblicher Rotfußfalke.

den Beute zutragenden Elterntieren Insekten und Echsen abzujagen.

Brutbiologie: Nach Rückkehr aus dem südlichen Afrika April/Mai werden die Horste (von Krähen, Elstern) durch Paare besetzt, die eine Saisonehe bilden. Teils brüten die Rotfußfalken in Kolonien durch Beziehen der Nester von Saatkrähen, teils findet man Einzelhorste. Die Geschlechtsreife tritt im ersten Jahr ein. Die Paare sind untereinander nicht aggressiv und zeigen kein Territorialverhalten. Eiablage beginnt Mitte Mai. Es werden 3 bis 4 auf hellem Grund dunkelbraun gefleckte Eier im Abstand von zwei Tagen gelegt und 22 bis 25 Tage bebrütet. Beide Geschlechter, aber hauptsächlich das Weibchen, brüten. Bis zu 12 Tagen werden die Jungen vom Weibchen gehudert, während das Männchen Beute heranschafft, danach beteiligt sich auch das Weibchen aktiv an der Jungenaufzucht und bringt Beute. Vor allem Kleinsäuger, Echsen und Kröten sind für die Nestlinge eine wichtige Nahrung. Nach 28 Tagen können die Jungvögel fliegen, werden aber noch ca. 2 Wochen von den Eltern versorgt. Bruterfolg: 1,6 flügge Junge pro Paar und Jahr.

Wanderungen: Der Rotfußfalke ist ein ausgesprochener Langstreckenzieher, der nach Süd- und Ostafrika zieht. Der Wegzug aus den Brutgebieten verläuft von August bis Mitte Oktober, die Rückkehr von Mitte April bis Mitte Mai. In den letzten Jahren wird dieser Greifvogel mehr oder weniger regelmäßig bei uns beobachtet, z. T. invasionsartig gehäuft. Der Frühjahrszug und der Herbstzug werden z. T. auf verschiedenen Routen geflogen (Rückzug weiter westwärts).

Bestand/Bestandtrends: Bei uns kein Brutvogel (s. Verbreitung). In den Brutgebieten Rückgang, wahrscheinlich durch Kultivierungsmaßnahmen (Landwirtschaft), Einsatz von Pestiziden (in den Brut- und Überwinterungsgebieten).

Merlin *Falco columbarius*

Kennzeichen: Der Merlin ist der kleinste europäische Falke, von kompakter, gedrungener Gestalt. Weibchen wiegen 190 bis 220 g, Männchen 155 bis 180 g. Vom Turmfalken kann er im Flug durch die kürzeren und breiteren Flügel und den kurzen Schwanz unterschieden werden. Der Flugstil ist kraftvoll, schnell und vorwärtstreibend. Die Geschlechter unterscheiden sich deutlich im Alterskleid: Die Männchen sind auf dem Rücken blaugrau mit roströtlichem Nacken, die Unterseite ist rostgelb, mit feinen dunklen Längsstreifen. Der Schwanz ist ebenfalls blaugrau mit einer breiten schwarzen Endbinde. Die Weibchen und Jungvögel sind feldornithologisch kaum zu unterscheiden, Junge wirken dunkler, manchmal fast schwarz. Ad. Weibchen sind auf der Oberseite graubraun (juv. dunkler braun), die Unterseite ist weißlich, cremefarben mit dunkler, kräftiger Längszeichnung. Bartstreifen kann angedeutet sein. Der schwarze Schwanz hat 5 bis 6 schmale, helle Querbinden. Rufe erinnern an Turmfalken, kikikiki-Rufreihen sind Warnrufe.

Verschiedene Flugbilder des Merlins.

Verbreitung: Der Merlin ist in verschiedenen Rassen über die Taiga- und Wald-Tundrengebiete der Nordhalbkugel verbreitet. Bei uns ist er seltener bis häufiger Wintergast.

Bruthabitat/Brutbiologie: Der Merlin brütet auf offenen Hochmooren, Heiden und in sehr lichten Wäldern. Als Nester bezieht er Horste anderer Greifvögel, die von Krähen und Elstern. Am häufigsten aber sind Bodennester, einfache Scharrgruben, manchmal versteckt unter einem Heidestrauch. Auch Felsnischen werden als Brutplatz ausgewählt. Die Paare führen eine Saisonehe. Männchen brüten in der Regel erst im dritten Kalenderjahr, Weibchen im zweiten, obgleich die Geschlechtsreife für beide Geschlechter mit einem Jahr eintritt. Je nach der Nordverbreitung liegt der Legebeginn in einem Zeitraum zwischen Anfang Mai bis Anfang Juni. Das Vollgelege besteht aus 4 bis 5 Eiern (Ausnahmen: 1, 2, 3, 6, 7), die auf hellem Grund rotbraun gefleckt sind und in einem Abstand von 1 Tag gelegt und 28 bis 30 Tage bebrütet werden. Meist brütet das Weibchen, das Männchen löst nur gelegentlich ab, insbesondere, nachdem es Nahrung gebracht hat; denn es versorgt das Weibchen und die Jungen, die in den ersten 10 Tagen vom Weibchen gefüttert werden. Mit dem Ausfliegen der Jungen, nach einer 25 bis 27 Tage

Merlin, Männchen am Horst.

langen Nestlingszeit, beginnt das Weibchen wieder zu jagen. Noch ca. 30 Tage, nachdem die Jungen das Nest verlassen haben, werden sie von den Eltern versorgt. 60 % der Bruten sind z. B. bei einer Untersuchung in England erfolgreich gewesen, aber insgesamt flogen nur 1,9 bis 2,2 Junge pro Paar und Jahr aus. Die Siedlungsdichte des Merlins ist, wie bei vielen Greifvögeln, von dem Nahrungsangebot und der Biotopstruktur abhängig. Gezählt wurden 3 bis 12 Brutpaare auf 100 km^2.

Beutespektrum/Jagdverhalten: Etwa 90 % der Nahrung besteht aus Vögeln – Lerchen, Piepern, Ammern, Drosseln, jungen Limikolen und Jungvögeln –, 10 % aus kleinen Säugetieren (Mäusen, Lemmingen). Erbeutet werden Vögel im direkten

Verfolgungsflug in der Luft oder auch auf dem Boden, wenn sie dort Schutz suchen. Hochfliegende Vögel versucht der Merlin auch zu übersteigen, um sie dann in kurzen Stoßflügen zu greifen. Geschickt kann er aber auch flach über dem Boden, jede Deckung ausnutzend, im Überraschungsflug erscheinen und Vögel überrumpeln. Aus Vogelschwärmen spaltet er einzelne Vögel ab und greift sie. Auf den Mooren Schottlands hat man beobachtet, wie Merline Kornweihen, die Moorschneehühner jagten, wie einen Schatten verfolgten und die von den Weihen so „nebenbei" hochgemachten Kleinvögel dann schlugen.

Wanderungen: Von Oktober bis April ist der Merlin bei uns ein regelmäßiger, wenn auch nicht häufiger Wintergast. Bis auf Großbritannien, wo adulte und ein Teil der jungen Merline (einige juv. sind Zugvögel) als Stand- bzw. Strichvögel eingeordnet werden müssen, sind alle anderen Populationen Zugvögel. Als Winterquartiere dienen neben Mitteleuropa die Mittelmeerländer und der Norden Afrikas. Im Herbst erscheint der Merlin bei uns, bzw. zieht er im Oktober/November hier durch und verläßt bzw. durchwandert Deutschland im März/April. Sowohl im Herbst wie im Frühjahr verfolgt er die ziehenden Kleinvogelschwärme, und auch bei uns findet man ihn im Winter dort, wo Kleinvögel in Trupps vorkommen.

Bestand/Bestandtrends: Es gibt Schätzungen, daß der europäische Bestand (ausgenommen Rußland) zwischen 8 000 und 10 000 liegt. Nach einem starken Einbruch in den 50er bis 70er Jahren haben sich die Bestände wieder erholt. Wie beim Wanderfalken so wird auch beim Merlin der „Pestizid-Crash" besonders deutlich, denn nachdem DDT und andere Pestizide in Europa verboten worden waren, erholten sich die Bestände, und sie scheinen momentan stabil zu sein.

Baumfalke *Falco subbuteo*

Kennzeichen: Der Baumfalke ist ein kleiner eleganter Falke, dessen Flugbild an einen großen Mauersegler erinnert, aufgrund der langen, spitzen Flügel und des relativ kurzen Schwanzes. Die Oberseite ist schiefergrau (ausgeblichen braunschwarz), der Schwanz etwas heller. Die Deckfedern des Stoßes sind einfarbig, die Innenfahnen der restlichen Federn haben auf rötlichbraunem

Baumfalke im Flug.

Grund schmale grauschwarze Querbänder. Im Flug und besonders beim Segeln sind die beiden mittleren Deckfedern des Stoßes deutlich zu erkennen, denn sie sind länger als die übrigen Schwanzfedern und ragen so hervor. Auffällig ist der dunkle Bartstreifen, der von einem dunklen Feld unter und hinter den Augen ausgeht, und die weißen Wangen und die Kehle stark kontrastiert („Weißbäckchen"). Die Unterseite ist auf weißlichem Grund kräftig schwarz längsgestreift, Unterschwanzdecken und Hosen sind rostrot und bei guter Beleuchtung, neben der weißen Backe, gut zu erkennen. Die Gewichtsvariationen der Geschlechter überlappen sich, und das Geschlecht ist bei Jungvögeln nicht immer genau zu bestimmen. Weibchen wiegen 185 bis 285 g und Männchen 175 bis 220 g. Bei den Altvögeln besitzen die Weibchen mehr oder weniger dicke Schaftstriche auf den Federn der Hosen und z. T. auf den Unterschwanzdecken; die Federn der Männchen sind dort einfarbig, so daß sie in der Hand gut einem Geschlecht zuzuordnen sind. Jungvögel sind oberseits schwarz mit rahmfarbenen Federsäumen, die Unterseite, wie auch Backen und Kehle sind gelblich, mit starker Brustzeichnung, die auch die Hosen betrifft. Schwanzfedern schwarz mit feiner gelber Querstreifung an den Innenfahnen und einer weißen Endbinde („Blume"). Die Wachshaut, die bei adulten Vögeln gelb gefärbt ist, leuchtet blaugrün bei den jungen. Gie-gie-gie-Rufreihen, die zu längeren bettelnden gäh-gäh-gäh Rufen („Lahnen") werden können, und helle gigigig-Laute sind weit zu hören.

Verbreitung: Der Baumfalke ist in Eurasien bis zur Pazifikküste verbreitet, mit Ausnahme von Teilen Irlands, Britanniens und Nordeuropas (in Norwegen, Schweden, Finnland und Nordsibirien kommt er nur teilweise vor). Sein Brutareal wird begrenzt von der Juli-Isotherme von 15 °C im Norden und 32 °C im Süden. Bei uns kommt er nahezu flächendeckend bis auf 1000 m Höhe vor.

Bruthabitat: Der Baumfalke bevorzugt Waldrandgebiete – typisch sind Kiefernwälder – als Horstplätze (Krähennester) mit offenen Landschaftsräumen zur Jagd. Daneben werden auch aufgelockerte Parklandschaften besiedelt, wo er am Rande von Laub- und Mischbeständen brütet, besonders in der Nähe von Teichen, Flüssen und Seen. In aufgelockerten Stadtlandschaften mit Baumbeständen brütet er in der Nähe des Menschen. Auch besiedelt er baumlose Börden, wenn auf Hochspannungsmasten Krähenhorste zum Brüten zur Verfügung stehen.

Beutespektrum/Jagdverhalten: Die Hauptbeute sind Kleinvögel, insbesondere bei der Jungenaufzucht (für Europa sind 70 Arten nachgewiesen). Sperlinge, Schwalben, Lerchen, Mauersegler, Finken sowie entflogene Wellensittiche werden bevorzugt erbeutet. Daneben werden auch Insekten wie Käfer, Libellen, Heuschrecken und Termiten, letztere besonders in den Winterquartieren, erbeutet und sind vor allem für die Jungen nach dem Ausfliegen fast die einzige Nahrung. Als Ausnahmen wurden auch Kleinsäuger (Mäuse) nachgewiesen, die aber zum Teil dem Turmfalken abgejagt werden (Beuteschmarotzer). Gejagt wird im freien Luftraum, über und in der Nähe von Dörfern (Schwalben, Sperlinge), über Seen und Feuchtgebieten (Insekten). Die Angriffsflüge des Baumfalken sind sehr variabel: Der Baumfalke kann mit hoher Geschwindigkeit (200 km/h und mehr) im Horizontalflug, ständig beschleunigend und jede Deckung ausnutzend, Vögel einfach im Fluge „mitnehmen"; er greift sogar z. B. Rohrammern von der Singwarte einer Schilfspitze (Überraschungsjäger), oder er fängt aus großen Höhen in einem Stoßflug Schwalben und Segler – wobei die Stöße mit angelegten Flügeln mehrere hundert Meter lang sein können und Geschwindigkeiten von 200 km/h und mehr erreicht werden. In offenen Wiesen- und Feldfluren können die Baumfalken z. B. fliegend Wiesenpieper und Lerchen durch kurze Steilstöße – bis 8 wurden gezählt –, bei denen die Vögel immer wieder den Angriffen auszuweichen versuchen, erbeuten. Insekten werden auch von Sitzwarten ergriffen und in der Luft sofort verzehrt.

Brutbiologie: Nach der Rückkehr aus den Brutgebieten April/Mai beginnt die Balz. Die Falken sind während dieser Zeit sehr ruffreudig und aktiv. Während der Brut bis zum Ausfliegen der Jungen wird ihre Anwesenheit oft übersehen, da sie dann sehr heimlich sind. Geschlechtsreife tritt wohl mit einem Jahr ein, doch erfolgreiche Bruten sind erst bei älteren Vögeln, ab dem zweiten Jahr festzustellen. Da Baumfalken eine ausgesprochene Reviertreue zeigen, bleiben die Paare ein Leben lang zusammen. Von den Jungvögeln kehren hauptsächlich die jungen Terzel ins elterliche Revier zurück und sind oft als „Dritte" zu Beginn des Brutzyklus mit anwesend. Weibliche Jungvögel sind bedeutend weniger geburtstreu. Als Niststätte werden Krähen- und Elsternnester bezogen. Machmal „warten" die Falken regelrecht, bis ein noch mit jungen Rabenkrähen besetztes Nest von Jungvögeln frei wird. Auch Nester anderer Greifvögel oder Kunsthorste können angenommen werden. Bei vorhandenen Nistmöglichkeiten können ein und dieselben Horsthabitate (z. B eine Pappelreihe, ein kleines Kiefernwäldchen) über 20 Jahre besetzt sein.

Das Gelege besteht aus 3 auf gelblichem Grund braun gefleckten bzw. gesprenkelten Eiern (2 bis 4 als Ausnahme), die Ende Mai/Anfang Juni im Abstand von 2 Tagen gelegt und 28 bis 31 Tage bebrütet werden. Das Weibchen, das auch schon vor der Eiablage vom Männchen mit Nahrung versorgt wird, bekommt auch während der Brut – sie brütet hauptsächlich – und Jungenaufzucht weiter Beute zugetragen (Beuteübergabe in der Luft), die sie dann auch an die Jungen verfüttert.

Das Weibchen bewacht die Jungen (Arbeitsteilung). Nach 28 bis 34 Tagen Nestlingszeit verlassen die Jungen den Horst, werden aber noch weitere 30 bis 40 Tage von den Eltern mit Beute versorgt, quasi bis zum Wegzug, obgleich sie schon erfolgreich Insekten jagen können. Die Fortpflanzungsrate beträgt im Mittel 1,9 flügge Junge pro Paar und Jahr. Die Sterblichkeit im ersten Jahr beträgt 65 %, in den Folgejahren je 22 %.

Wanderungen: Der Baumfalke ist ein ausgesprochener Weitstrecken- und Breitfrontzieher, der südlich der Sahara überwintert und z. T. bis nach Südafrika zieht. Er verläßt die Brutgebiete im September/Oktober, überfliegt das Mittelmeer, die Sahara und trifft im Oktober/November im Überwinterungsgebiet ein. Dort vermausern Altvögel auch den größten Teil des Großgefieders, denn nur 2 Handschwingen und Armschwingen auf jeder Seite und evtl. das Deckfedernpaar des Stoßes sind im Brutrevier geworfen worden. Im April/Mai erreichen die Baumfalken wieder ihre Brutreviere.

Baumfalke am Horst.

Bestandsdichte/Bestandstrends: Die Bestandsdichte schwankt je nach Biotop und Größe der Untersuchungsfläche. Sie liegt zwischen 1,0 bis 2,5 Paaren pro 100 km^2. in Deutschland schätzt man den Gesamtbestand auf ca. 2 100 Paare. Insgesamt ist das Bild der Population in Mitteleuropa nicht klar. Fest steht nur, daß in den 60er Jahren in weiten Bereichen eine Abnahme beobachtet worden war und in den letzten Jahre in einigen Indizien vorliegen, die für eine stabile Population sprechen. Als Ursachen gelten: Biozidbelastung (obgleich es hierfür keine Beweise gibt) und Rückgang der Ausflugraten, Nahrungsmangel (Kleinvögel, Insekten); großräumige Biotop- und als Folge Biozönoseveränderungen. Als zusätzliche Todesursachen treten Abschuß auf dem Zuge, Verluste durch Habichte (als natürlicher

Hauptfeind) und Kollisionen an Fensterscheiben und Drähten auf. Da das Gesamtursachengefüge des Rückganges unklar ist, weil zu komplex, kann als Schutzstrategie nur das, was grundsätzlich auch andere Greifvögel schützt, für die Zukunft versucht werden: Vollschutz im Brutgebiet, auf dem Zug und im Winterquartier, Reduktion sämtlicher Biozide, die in Nahrungsketten eingeschleust werden, und Biotopschutz. Rote Liste: Kategorie 2 – stark gefährdet.

Wanderfalke *Falco peregrinus*

Kennzeichen: Der Wanderfalke mit seiner gedrungenen Gestalt ist der größte einheimische Falke. Die Geschlechter bilden ausgesprochene Größenklassen aus, vergleichbar mit dem Habicht. Weibchen wiegen 860 bis 1090 g und Männchen 580 bis 720 g. Der Rücken ist schiefergrau, Nacken, Kopf schwärzlichgrau, und der breite, schwarze Bartstreifen hebt sich deutlich von der hellen Kehle und der weißlichen Backe ab. Die helle Vorderseite ist schwarz quergebändert auf hellem, manchmal rostrotem Anflug. Am Kropf und in der Mitte der Brust können Flecken vorhanden sein. Die Schwingen sind schwarz, der schiefergraue Stoß besitzt schwarze, schmale Querbänder. Wachshaut gelb, im Frühjahr leuchtend. Jungvögel sind oberseits braun-graubraun mit helleren Federsäumen, die Unterseite beige bis rostrot und kräftig braun bis braunschwarz längsgefleckt. Der Bartstreifen ist nicht so deutlich, die Wachshaut bläulichweiß und die Füße weißgelb (bei Altvögeln intensiv gelb). Im Flug fallen der gedrungene, kompakte Körper, die spitzen Schwingen und der kurze Schwanz auf. Nur im Jugendkleid könnte der Wanderfalke mit anderen Großfalken (Lannerfalken, Gerfalken, Sakerfalken) verwechselt werden. Bei der „Paarkommunikation" sind harte, einzelne Kozik-kozik-Rufe zu hören; die Weibchen „lahnen" die Männchen mit „gähggähg..." an, wie auch die Jungen in entsprechender Tonlage und Artikulation um Futter betteln. Daneben gibt es noch Warnlaute, die sich krächzend wie grä-grä-grä anhören.

Verbreitung: Der Wanderfalke ist in verschiedenen Rassen weltweit verbreitet (Kosmopolit); nur auf Island und in den Steppen- und Wüstenlandschaften und Urwäldern fehlt er. Während er im Kriege noch flächendeckend verbreitet war, starb er aufgrund der Pestizide (Pestizid-Ära) in Deutschland bis auf einen kleinen Restbestand (50 Paare) im Süden aus. Nach dem Verbot der Stoffe 1971 erholten sich die Bestände nach einer zehnjährigen Verzögerungsphase, und allmählich wurden wieder die angestammten Biotope besiedelt, in den Hoch- und Mittelgebirgen im Süden, im Harz usw. Sollte die positive Entwicklung anhalten, werden in Zukunft mehr Wanderfalken brüten als jemals zuvor, da Kraftwerke, große Industrieanlagen, Hochhäuser und Funktürme, insbesondere in der Nähe von Flüssen, dem Wanderfalken neue Nisthabitate erschlossen haben.

Im Bereich der vollkommen erloschenen Baumbrüterpopulation der Tiefebene südlich der Ostsee (Deutschland, Polen, Baltikum) konnte nach 25 Jahren aufgrund des Artenschutzprogrammes des Deutschen Falkenordens 1996 erstmals ein Paar in einem Milanhorst zur Brut schreiten. Vielleicht wird auch in Zukunft dieser Lebensraum jetzt wieder besiedelt werden können.

Bruthabitat: Im Prinzip kann der Wanderfalke in allen Landschaften Brutvogel sein, sofern Nistmöglichkeiten mit freiem Anflug und Nahrung vorhanden sind. Er horstet gerne in der Nähe von Wasser in Felsennischen, Steinbrüchen und Gebäuden mit und ohne Nistkasten. Ausnahmsweise brütete er bei uns auch einmal auf dem Boden. Vor dem „Pestizidcrash" bezog er regelmäßig Horste von Greifvögeln, Reihern, Kormoranen u. a.

Beutspektrum/Jagdverhalten: Der Wanderfalke jagt sehr ökonomisch. Dort, wo es die Landschaftsstruktur erlaubt, ist er „Ansitzjäger" – auf hohen Felsenklippen oder Türmen usw. wartet er, bis entsprechende Beutetiere unter ihm vorbeifliegen, ehe er zum Flug ansetzt. Mit beschleunigenden Schwingenschlägen jagt er dann auf die Beute zu, indem er manchmal die Schwingen an den Körper anlegt, wodurch er eine aerodynamisch optimale Form einnimmt. Entweder schlägt er die Beute herunter, die oft schon tot ist, um sie nach einem Aufsteilen und Wenden noch in der Luft aufzufangen, oder er greift sie und trägt sie zu einem Rupfplatz. Noch während des Fluges versucht er die Beute durch Nackenbiß zu töten. Eine andere Jagdstrategie ist es, hoch zu kreisen und aus diesem Kreisen heraus unter ihm durchziehende Vögel in einem Steilstoß zu greifen. Dabei sollen bis zu 300 km/h erreicht werden. Auch „Kompaniejagd", das gemeinsame Jagen von Männchen und Weibchen auf ein und dasselbe

Beutetier, kommt vor. Abwechselnd werden dann Stöße angebracht oder fliehenden Tieren von einem Partner der Weg abgeschnitten, so daß der andere den ausweichenden Vogel angreifen kann. In unseren Breiten ist der Wanderfalke ein reiner Vogeljäger, dem 210 Arten nachgewiesen werden konnten. Je nach Biotop und Erreichbarkeit der Beute verändert sich auch die Beutetierliste. Bevorzugt werden aber Tauben, Stare, Drosseln, Kiebitz, Krähenvögel, Lerchen, Finken, Sperlinge und Lachmöwen in angegebener Reihenfolge.

Brutbiologie: Die Aktivitäten der Paare beginnen Januar/Februar; die Paarbildung, wie auch beim Habicht, bereits im Herbst. Geschlechtsreife tritt mit einem Jahr ein, doch der Bruterfolg bei Paaren mit einem einjährigen Partner ist gering. In der Regel werden ab Mitte März 4 bis 5 auf gelblichem Grund stark rotbraun gefleckte Eier gelegt, in einem Abstand von 2 Tagen, die 31 bis 33 Tage vom Weibchen bebrütet werden. Wie beim Habicht wärmt das Männchen nur die Eier, wenn das Weibchen kröpft und nach einem Flug zurückkehrt. Das Weibchen und die Brut werden vom Männchen mit Beute versorgt. Erst wenn die Jungen über 20 Tage alt sind, jagt auch das Weibchen mit. Bringt das Männchen Beute, die nicht verzehrt wird, versteckt und deponiert er sie und holt sie zu einem späteren Zeitpunkt zurück. Nach ca. 40 Tagen sind die Jungen flügge, werden aber noch 4 Wochen mit Beute versorgt. Zwar brauchen Wanderfalkenjunge, wie andere Greifvögel auch, das Jagen nicht zu lernen, es ist angeboren (ein Ergebnis des Artenschutzprogrammes des Deutschen Falkenordens), doch Techniken des Haltens und Tötens werden erlernt.

Da der entscheidende Lebensabschnitt eines Jungvogels das Selbständigwerden ist, hat die Evolution nur denjenigen Eltern-Falken eine Chance zur Weitergabe ihrer Erbanlagen gegeben, die diesen kritischen Zeitpunkt optimal gestalteten: Falkenpaare, die den Lernanteil ihrer Kinder unter ihren „Augen" kontrollierten – nämlich durch Beuteübergaben von lebenden Tieren – hatten die größten Nachkommenzahlen, die überlebten.

Lebender Vorlaß ist also eine Strategie, den Flaschenhals des eigenständigen Jagens zu überwinden. Die Fortpflanzungsrate unbelasteter Bruten beträgt 2,5 Junge pro Paar und Jahr. In den ersten Lebensjahren sterben aber 50 bis 60 %, in den späteren sind es nur noch 10 bis 25 % eines Jahrganges.

Wanderfalke. ▷

Wanderungen: Die Wanderfalken der nördlichen Breiten sind Zugvögel und überwintern in Mittel- und Südeuropa bis Afrika. Unsere Wanderfalken sind Stand- und Strichvögel, die im Brutgebiet bleiben. Die Jungen verstreichen in südwestlicher Richtung und überwintern in Frankreich, Spanien und Portugal. Die meisten Altvögel, die im Brutrevier bleiben, erweitern ihren Aktionsraum im Winter.

Bestand/Bestandtrends: Die Wanderfalkenpopulation wird momentan (1996) in Deutschland auf ca. 450 Brutpaare geschätzt, plus einem nicht genauer bestimmbaren Nichtbrüteranteil. Mit knapp 50 Brutpaaren im Jahre 1975 hatten die Wanderfalkenbestände, bedingt durch das „Pestizid-Syndrom“ der „Pestizid-Ära“ und zusätzliche menschliche Verfolgung, ihren Tiefstand erreicht. Alle am Schutz des Wanderfalken interessierten Gruppen hatten gegen Ende und zu Beginn der 70er Jahre geglaubt, daß ein Aussterben des Wanderfalken kurz bevorstehe; denn trotz verstärkter Schutzmaßnahme der Arbeitsgemeinschaft Wanderfalkenschutz (AGW) Baden-Württemberg, wie Bewachung, Marderabwehr, Zeckenbekämpfung, wollten die Bestände sich nicht erholen. Die Falkner des Deutschen Falkenordens versuchten über die Zucht, zunächst die Art an sich und dann durch Auswilderung gezüchteter Exemplare, der Wildpopulation zu helfen. Doch trotz aller Erfolge beider Schutzstrategien, erst mit dem Verbot der chlorierten Kohlenwasserstoffe änderte sich die Situation grundlegend. Nach einer typischen Anlaufphase wuchs die Population (1996) fast exponentiell und wird in naher Zukunft einen Brutbestand aufweisen, der höher liegen wird als der vor der Pestizidära mit knapp 600 Paaren.

Wenn man sehr nüchtern aus der heutigen Sicht beide „Schutz“-Programme betrachtet, muß man feststellen, daß außer einem hohen ethischen Wert, den beide Gruppen für sich gleichermaßen in Anspruch nehmen können und dürfen und vielen wissenschaftlichen Erkenntnissen, die Population des Wanderfalken sich nach dem Verbot der Pestizide so oder so erholt hätte, wie es in den Ländern zu beobachten ist, in denen keinerlei Programme existierten. Natürlich wären die Brutpaarzahlen noch nicht so hoch wie jetzt (mindestens 70 Paare stammen aus der Auswilderung des DFO), der Harz und Thüringen wären noch unbesiedelt, doch alles wäre nur eine Frage der Zeit gewesen – zumindest was die

Felsenbrüter betrifft. Für die erloschene Baumbrüterpopulation führt der DFO in Zusammenarbeit mit der Arbeitsgemeinschaft Wanderfalkenschutz e.V. ein spezielles Wiederbesiedlungsprogramm durch. 1996 brütet zum ersten Mal wieder nach 20 Jahren ein Wanderfalke auf einem Baum in einem Milanhorst. Die durchgeführten Methoden und Techniken haben sich als richtig erwiesen, und es ist zu hoffen, daß hier der Grundstein für eine neue Baumbrüterpopulation gelegt wurde. Die Brutpaardichten des Wanderfalken schwanken zwischen 0,75 und 8,55 BP je 100 km^2, und Horstabstände an Felsenbändern betragen 1,5 bis 2,5 km. Dennoch hängt die Zukunft des Wanderfalken von seinem vollständigen gesetzlichen Schutz, Sicherung der Bruthabitate (Kanalisation von Tourismus, Freizeitsportler, Bewachung) ab. Rote Liste: Kategorie 2 – vom Aussterben bedroht.

Gerfalke *Falco rusticolus*

Kennzeichen: Der Gerfalke ist der größte Falke auf der Erde. Die Flügel sind nicht so spitz wie beim Wanderfalken, ebenfalls breiter, vor allem am Ansatz, und der Stoß ist länger als bei jener heimischen Art. Die Gefiederfarbe ist sehr variabel. Neben rein weißen Exemplaren mit dunklen Flecken auf der Oberseite und schwarzen Flügelspitzen in der Hocharktis gibt es auf dem Rücken graue, graubraune bis fast einfarbig schwarzbraune Stükke, bei denen auch die Unterseite dunkel ist, in der Subarktis. Ein dünner Backenstreifen kann vorhanden sein (bei weißen Exemplaren fehlt er grundsätzlich). Skandinavische Vögel haben oberseits ein graues Gefieder mit dunklen Querstreifen. Die helle Unterseite ist leicht dunkel getupft. Jungvögel sind braun und auf der hellen Unterseite dunkelbraun gefleckt. Die Wachshaut und die Füße sind bei Altvögeln gelb, bei Jungvögeln blaugrau (Gewicht der Männchen: 1070 g, das der Weibchen 1710 g).

Verbreitung: Der Gerfalke ist in verschiedenen Rassen zirkumpolar in den arktischen Zonen vertreten (Tundren, nördliche boreale Waldzonen). In Deutschland nur ausnahmsweise im Winter und Herbst an den Küsten.

Bruthabitat: Bevorzugt werden offene Landschaften mit Flußtälern und Felsen, und felsige Küstengebiete, oft in der Nähe von

Flugszenen beim Gerfalken.

Seevogelkolonien. Er bezieht Kolkraben- und Rauhfußbussardnester.

Beutespektrum: Der Gerfalke ist im Horizontalflug schneller als der Wanderfalke, den er auch ausnahmsweise einmal schlägt. Die Beute wird in der Regel aus dem kreisenden Suchflug mit einem Steilstoß ergriffen oder niedergeschlagen. Ferner jagt der Gerfalke dicht über dem Boden und überrascht sitzende oder fliegende Vögel. Im Überfliegen reißt er sie dann mit. Er ist ein „Allround"-Jäger, der in der Luft sowohl Vögel als auch Säuger (und Vögel) auf dem Boden schlagen kann. Die Nahrungsliste reicht vom Lemming bis zum Schneehasen und Kleinvogel bis Rauhfußhühnern. Zwar werden in Küstennähe Ente und Möwen geschlagen, auch Limikolen, doch das Hauptbeutetier ist das Schneehuhn, insbesondere bei der Aufzucht der Jungen.

Brutbiologie: Gerfalken bauen, wie auch alle anderen Falken, keinen Horst und legen ihre Eier direkt auf den Boden unter Überhängen von Felsen oder beziehen Horste anderer Vögel (Kolkraben, Rauhfußbussard). In der Waldtundra nehmen sie

Gerfalke. ▷

auch Baumhorste an. Im April werden 3 bis 4 auf gelbem Grund rotbraun gefleckte bzw. gesprenkelte Eier im Abstand von 2 bis 3 Tagen gelegt und 34 bis 36 Tage fast ausschließlich vom Weibchen bebrütet. Das Männchen versorgt das Weibchen während dieser Zeit mit Beute und auch später die Jungvögel. Nach ca. 46 bis 49 Tagen Nestlingszeit verlassen die Jungen den Horst, werden jedoch noch ca. 4 Wochen von beiden Eltern versorgt. Im Mittel fliegen 2,3 Junge pro Paar und Jahr aus.

Wanderungen: Die Altvögel der nordeuropäischen Populationen (Skandinavien, Island) sind Standvögel, während Jungvögel mehr oder weniger weit herumstreichen. Weiter östlich brütende Gerfalken sind Zugvögel, die 1000 bis 2000 km nach Süden wandern.

Bestand/Bestandtrends: Der Gesamtbestand für Europa wird mit 1000 Paaren angegeben. Die Bestände scheinen stabil zu sein. Die Brutpaarzahlen schwanken zyklisch in Abhängigkeit von den Gradationen der Schneehuhnbestände. Populationsverluste waren in früheren Jahren Horstplünderungen (Eier und Junge), die aber durch Schutzmaßnahmen unterbunden wurden.

Greifvogelkenndaten

Arten	Nest-standort	Beute-habitat	Nahrung	Sp Ge	Rote Liste *	Bestands-trend
Wespen-bussard	W	W/Fe/Wi	In/Am/ Klv/ Früchte	Sp	3	+/–
Schwarz-milan	W	Ws/Fe Wi/Si	Fi/Aa/ Am (Kls/ Vö juv.)	Sp/Ge	3	–
Rotmilan	W	Fe/Wi/ Ws/Si	Kls/Klv Vö juv./ Fi/Aa	Ge	3	(+) –
Seeadler	W	Wa	Fi/Vö/ Aa	Sp/Ge	2	+
Rohrweihe	B	Sch/Ws/ Wi/Fe	Vö (juv.)/ Kls/ (Am/Re Fi)	Ge	3	(+) –
Kornweihe	B	Mo/He Fe/Wi	Kls/ Vö juv.	Ge	1	–
Wiesen-weihe	B	Fe/Wi Mo	Kls/Klv In/Re	Ge	1	–
Habicht	W	W/Fe/ Wi/Si	S ad. + juv./ Vö ad. + juv.	Ge	3	(+) –
Sperber	W	W/Si/ (Fe/Wi)	Vö ad. + juv./ Klv (Kls)	Ge	3	+
Mäuse-bussard	W	Wi/Fe (W)	Kls (Vö juv./ S. juv./Re/ Am/Aa)	Ge		+/–
Rauhfuß-bussard	F/B	Wi/Fe	Kl	Ge		
Schreiadler	W	Ws/W Wi/Mo	Kls/ S juv./ Vö juv./ Am/Re)	Ge/Sp	1	–
Schelladler	W	Wa/Wi/ He	Kls/ Vö juv./ Am/Re	Ge/Sp		

Arten	Nest-standort	Beute-habitat	Nahrung	Sp Ge	Rote Liste *	Bestands-trend
Steinadler	F (W)	Wi/Mo/ W	S/Aa/ Vö	Ge	2	+/–
Fischadler	W/G	Ws	Fi	Sp	2	+
Turmfalke	G/W/F	Fe/Wi Si	Kls (Klv/ In/Re)	Ge		+/–
Rotfußfalke	W	(Mo/He/ Wa) Steppe	In/Re Am (Kls	Ge/Sp		
Merlin	B (W)	Mo/He/ Fe/Wi)	Klv (Kls)	Ge		
Baumfalke	W/G	He/Mo/ Wi Fe/Ws	Klv/In (Kls schma-rotzt)	Sp	2	+/–
Wander-falke	F/G (W 1996)	Fe/Wi Ws/Si/ He/Mo	Vö/Klv	Ge	2	+
Gerfalke	F/W	Mo/ Tundra/ Taiga	Vö/S Kls			

Bruthabitat/Jagdhabitat: W = Wald; B = Boden; F = Fels; G = Gebäude; Fe = Feld, Wi = Wiesen/Weiden; Mo = Moore; He = Heiden; Ws = Wasser; Sch = Schilf/Röhricht; Si = Siedlungen; () = selten

Nahrung: Aa = Aas; Am = Amphibien; Fi = Fisch; Re = Reptilien; Vö = Vögel ab Amselgröße; Kls = Kleinsäuger/oft Mäuse; S = Säuger; Klv = Kleinvögel; In = Insekten; Ge = Generalisten; Sp = Spezialisten

* Die Kategorien sind nach der Roten Liste (DS/IRV 1991) den Greifvogelarten zugeordnet.

Greifvogelschutz

Nur die Kenntnis der Gefährdungsursachen erlaubt einen effektiven Greifvogelschutz. Primäre Ursachen der Populationsgefährdung sind zu über 95 % Habitatverluste. An zweiter Stelle stehen Vergiftungen durch Biozide, wie sie unter den heutigen Produktions- und Marktbedingungen von den meisten Landwirten angewendet werden müssen. Die direkte, illegale Verfolgung durch Abschuß, Wegfangen, Aushorsten und Eiersammeln kann sich zwar lokal bemerkbar machen, stellt aber heute keinen maßgeblichen Negativfaktor mehr dar. Dies soll keine Verharmlosung krimineller und verabscheuenswürdiger Taten sein, doch aus der Sicht der Populationsbiologie kann dieser Einfluß vernachlässigt werden.

Die Überbewertung der Greifvogelverfolgung durch einige Artenschutzkreise als öffentlichkeitswirksame Strategie verhindert in vielen Fällen einen gesellschaftlich getragenen wirklichen Schutz. Von den 43 weltweit am stärksten bedrohten Greifvogelarten (insgesamte Artenzahl 189) ist nur eine Art ausschließlich durch Verfolgung bedroht, alle anderen sind durch Lebensraumzerstörung gefährdet plus des einen oder anderen Negativfaktors. In den letzten 300 Jahren ist nur eine Greifvogelart ausgestorben (Guadalupe-Karakara, der auf einer kleinen Insel vor Kalifornien lebte).

Greifvögeln kann durch verschiedene Maßnahmen geholfen werden.

Gesetzlicher Schutz

Grundvoraussetzungen des Schutzes sind die vom Gesetzgeber getroffenen Maßnahmen im nationalen und supranationalen Recht. Als da sind Bundesjagdgesetz (BJagdG), nach dem alle Greifvögel in Deutschland einen ganzjährigen Schutz genießen, Bundeswildschutzverordnung (BWildSchV v. 25. 10. 1985), Bundesartenschutzverordnung (BArtSchV v. 18. 8. 1989, geändert 9. 7. 1994) und Bundesnaturschutzgesetz (BNatSchG v. 12. 3. 1987, geändert 6. 8. 1993) und Tierschutzgesetz (TschG v. 17. 2. 1993, geändert 27. 4. 1993). Ferner existiert als völkerrechtliche Konvention das „Übereinkommen über den internationalen Handel mit gefährdeten Arten freilebender Tiere und Pflanzen" (CITES), das als Washingtoner Artenschutzübereinkommen (WA) bekannt ist. Es regelt u. a. den internationalen Handel, wobei die Arten je nach Gefährdungsgrad in einem von drei Anhängen aufgeführt sind und dementsprechend unterschiedlich behandelt werden. Das zu jedem gehaltenen Greifvogel gehörende CITES-Dokument ist ein Handels- und/oder Haltedokument. Das WA wird in der EU durch Verordnungen umgesetzt. Die BWildSchV sagt aus, daß zur Ausübung der Beizjagd maximal nur zwei Vögel der Arten Habicht, Wanderfalke und Steinadler, gehalten werden dürfen, wenn der Inhaber einen auf seinen Namen lautenden gültigen Falknerjagdschein besitzt.

Grundsätzlich ist festzustellen, daß es keine Tierordnung in Deutschland gibt, die einen derartig hohen gesetzlichen Schutzstatus genießt und die in so vielen Gesetzen Erwähnung findet, so daß nur ein juristischer Spezialist in der Lage ist, das unübersichtliche Netzwerk zu durchschauen. Einig scheinen sich fast alle Greifvogel-Fachleute zu sein, daß der gesetzliche Schutz zwar bleiben muß, aber ein positiver Einfluß auf Greifvogelpopulationen bisher kaum festgestellt werden konnte.

Information der Öffentlichkeit

Der gesetzliche Schutz ist aber nur wirksam, wenn eine gesellschaftliche Akzeptanz der zu schützenden Tiere gegeben ist. Biologisch fundierte Aufklärungsprogramme, die die Rolle der Greifvögel in Ökosystemen und vor allem die Gefährdungsursachen darstellen, müssen der Öffentlichkeit über die verschiedenen Medien, Erziehungs- und Bildungsinstitutionen zugänglich gemacht werden. Aber nicht nur die rationale Seite sollte angesprochen werden, auch über die Schönheit der Vögel und deren Flug und faszinierendes Jagdverhalten, wie es z. B. die Falknerei konkret zeigen kann, muß auch die emotionale Seite „gerührt" werden, die dann Motivation des Schutzgedankens sein kann.

Biozidverbote

Eine besondere Rolle spielen die Pflanzenschutzmittel und die Industriechemikalien, hier insbesondere die Schwermetalle, die direkt oder indirekt in die Umwelt gelangen und sich in Nahrungsketten anreichern und die die einzelnen Glieder, doch vor allem die Greifvögel als Endglieder, besonders schädigen und vergiften können. Zwar hat das Verbot von DDT und anderen chlorierten Kohlenwasserstoffen in den Industrieländern der Nordhalbkugel zu einer erstaunlich schnellen Erholung der Wanderfalkenbestände geführt (1965 wurden sie als vom Aussterben bedroht klassifiziert, DDT-Verbot in den 70ern, und 1985 galt der Wanderfalke wieder als gerettet); doch noch immer werden in Asien und Afrika diese Stoffgruppen ausgebracht, die die Greifvögel dort, aber auch unsere Zugvögel, wie die Weihen, den Wespenbussard, den Baumfalken u. a. verseuchen.

D. h. Greifvogelschutz ist kein nationales Problem, sondern nur internationale Übereinkommen können im Prinzip langfristig diese Vogelordnung erhalten. Dazu gehört neben dem grundsätzlichen Verbot persistenter Umweltgifte und dem Ausbringen von Schwermetallen ein Verbot von Bleischroten, da Greifvögel mit verletzten Beutetieren oder Kadavern Schrote aufnehmen können, die dann zu Bleivergiftungen führen.

Biotopschutz – Management

Im Verhältnis zu allen anderen Negativfaktoren ist die Zerstörung der Lebensräume die Bedrohung für die Greifvögel schlechthin. Deshalb müssen die zukünftigen Schutzstrategien verschiedene Aspekte der Biotope berücksichtigen:

- Erhalt – soweit noch möglich – aller natürlichen (vom Menschen unbeeinflußten) Ökosysteme, denn sie liefern die Struktur für die in ihnen lebenden und angepaßten Arten, wobei dem Schutz „extremer“ Lebensräume (Moore, Sümpfe, Auen u. a.) als Bruthabitate, einschließlich der Zugwege und Überwinterungsgebiete (Savannen, Tropischer Regenwald), eine besondere Bedeutung zukommt.
- „Renaturierung“ veränderter Lebensräume (Mischwald statt Monokulturen, Verbot von Freizeitsport in Brut- und Beutehabitaten, Wiederherstellung von Feuchtgebieten, naturnahe Landwirtschaft ohne Gifte, Kultur-(brach-)landmanagement etc. zur Erhöhung der Artenvielfalt – Biodiversität).
- Da Nistplätze und Nahrung „die“ begrenzenden Faktoren von Greifvogelpopulationen darstellen, kann die Schaffung von Nist-

stellen (Plattformen für Fischadler, Nistkästen und Präparation von Felsennischen für Turm- und Wanderfalken, Kunstnester für Baum- und Wanderfalken) eine sehr erfolgreiche Maßnahme sein. So ist die Ausflugrate an Jungvögeln aus Kunsthorsten bei Fischadlern, Wander- und Turmfalken höher als aus natürlichen Nestern (Nester sind vor Raubfeinden besser geschützt, stürzen nicht leicht ab).

• Wenngleich eine Fütterung aus Gründen einer Nahrungsverknappung der Art selten hilft (Ausnahme Geier), so können durchaus überwinternde Kornweihen, Rauhfußbussarde und Rotmilane bei hohen Schneelagen mit Fleisch versorgt werden. Sinnvoll dagegen kann eine Fütterung pestizid- und schwermetallfreien Fleisches bei Seeadlern als kurzfristige Maßnahme sein. Doch alle Untersuchungen haben gezeigt, daß von Menschen bewirtschaftete Biotope nicht die Qualität und Quantität an Nahrung für Greifvögel aufweisen, wie es in natürlichen Biozönosen der Fall ist. Von vermehrter Taubenhaltung können vielleicht einige Allerweltsarten (Habicht und Wanderfalke) profitieren, doch nicht die Greifvögel allgemein, so daß Fütterung nur als eine kurzfristige Überbrückungsmaßnahme zu bewerten ist.

• Die Bewachung von Horsten des Seeadlers in Schleswig-Holstein (Projektgruppe Seeadlerschutz) und der Wanderfalken nach dem Pestizidcrash in Süddeutschland (Arbeitsgemeinschaft Wanderfalkenschutz Baden-Württemberg und AG Wanderfalken- und Uhuschutz, Arbeitsgemeinschaft Wanderfalkenschutz) kann als Ausnahme eine sinnvolle Schutzstrategie sein – bei sehr kleinen und als Art gefährdeten Populationen. Grundsätzlich ist aber aus biologischer Sicht festzustellen, daß bei einer derart kleinen Populationsgröße, bei der alle Horste direkt bewacht werden können, besser andere Schutz-Strategien Anwendung finden sollten (Zucht, Eizahlvermehrung, Auswilderung, Adoptionsverfahren etc.).

• Zur Verhinderung des Geschwistertötens (Kainismus) bei Schreiadlern z. B. kann ein Ei oder ein Jungvogel – letzterer sofort nach dem Schlupf – entnommen und entweder vom Menschen oder anderen Greifvögeln als Amme (Zusetzen in Milanhorste) aufgezogen werden. Nach 2 bis 3 Wochen, wenn die Verhaltensweise des Tötens und Verdrängens vom Geschwister nicht mehr gegeben ist, kann der zweite Jungadler wieder zugesetzt werden.

Die Fortpflanzungsrate der Population kann dadurch theoretisch um 50 % erhöht werden.

• Verwaiste Lebensräume können wieder „künstlich" besiedelt werden, wenn die Ursachen des Verschwindens der Art bekannt ist. Die direkte Verfolgung haben den Seeadler in Schottland und Slowenien ausgerottet; Nestlinge aus Skandinavien oder gezüchtete wurden in alten Habitaten erfolgreich ausgewildert (auf der schottischen Insel Rhum gibt es nach 70 Jahren wieder 9 territoriale Paare). Auch Wiederansiedlungsprojekte am Gänse- und Bartgeier werden in Österreich, Frankreich und der Schweiz durchgeführt. In den Cevennen, wo der Gänsegeier 1935 zum letzten Mal brütete, lebt heute wieder eine Population von über 100 Individuen mit über 30 Brutpaaren. In den 60er Jahren waren die Wanderfalken nördlich der Mainlinie (bis auf ein Paar in Hessen) ausgestorben. Die vom Deutschen Falkenorden (DFO) gezüchteten und ausgewilderten Wanderfalken haben in den verwaisten Gebieten eine Brutpopulation „aus Menschenhand" von ca. 70 (+) Paaren (1995) etabliert; zur Unterstützung der Restpopulation und als Brückenköpfe zur schnelleren Wiederbesiedlung ehemaliger Biotope. Die ausgestorbene Baumbrüterpopulation der nordeuropäischen Tiefebene kann wahrscheinlich nur durch ein spezielles Auswilderungsprogramm gezüchteter oder aus Wildhorsten entnommener (noch nicht praktiziert) Wanderfalken wieder „neu" aufgebaut werden. Ein entsprechendes Projekt des Arbeitskreises Wanderfalkenschutz e.V. in Zusammenarbeit mit dem Deutschen Falkenorden wird seit 1988 durchgeführt und hat 1996 zum ersten Bruterfolg in einem Milanhorst geführt – in Greifvogelschutzkreisen eine Sensation.

• Pflege (Rehabilitation) verletzter und kranker Wildvögel hat in der Regel für die Population keine Bedeutung, sieht man von den Erfahrungen für die Tiermedizin und der Öffentlichkeitsarbeit ab. Bei sehr seltenen und großen Arten ist aber auch das Überleben von Individuen für die Arterhaltung wichtig. Bedrohte Arten können, selbst wenn sie für die Ausgewöhnung nicht mehr geeignet sind, Zuchtprogrammen zugeführt und die Nachkommen dann zur Stützung der Wildpopulationen eingesetzt werden.

Zusammenfassend ist zu sagen, daß die Lebensraumbeeinflussungen durch den Menschen die Hauptgefährdungsursachen für die Greifvögel darstellen. Zwar profitieren Arten wie der Wanderfalke, Turmfalke, Sperber und Habicht von bestimmten Entwicklungen der Kulturlandschaften, doch letztlich sind alle gefährdet. Deshalb müssen Artenschützer erkennen, daß ein gesetzlicher Schutz bis hin zu den extremen Forderungen, jegliche Wildtierhaltung in Menschenhand zu verbieten, den Greifvögeln nicht hilft, denn wir leben in einer veränderten Welt, die veränderte Schutzstrategien für die Greifvögel fordert. Die Entwicklung neuer Schutzstrategien waren aber nur möglich durch die Falknerei und ihrer tradierten, jahrtausendalten Kenntnis der Haltung und des Wissens um die Verhaltensweisen der Greifvögel. Durch dieses Wissen konnten Managementmaßnahmen entwickelt werden (Methoden und Techniken der Zucht und Auswilderung), mit deren Hilfe Arten gerettet und in verwaisten Biotopen wieder angesiedelt werden konnten (s. im folgenden Kapitel über Falknerei).

Mensch und Greifvogel II: Grundzüge der Falknerei

Beizjagd

Falknerei ist eine hochspezialisierte, jagdliche Kulturtechnik, die abgerichtete Greifvögel auf freilebendes Wild einsetzt. Dabei wird angeborenes und erlerntes Verhalten des Beizvogels entsprechend genutzt, so daß er in einem Kumpanverhältnis mit dem Falkner jagt.

Abgetragene Beizvögel jagen nur unter der relativen Kontrolle des Menschen, sie bestimmen, sobald sie den Handschuh des Falkners verlassen haben, die Regeln des Jagdablaufs. Der Falkner ist „nur" Beobachter eines genetisch festgelegten und erworbenen Verhaltens, bei dem Strategien des Beuteerwerbes durch Gegenstrategien des Entkommens eventuell zunichte gemacht oder aber diese wiederum durch Taktiken des Beizvogels unwirksam werden (evolutiv bedingte „Chancengleichheit"). Natürliche Auslese im Sinne der Evolution einer Räuber-Beute-Beziehung wird hier direkt sichtbar. Beizjagd ist somit die gegenseitige Überprüfung der Fitneß von Greifvogel und Beutetier, Beizjagd ist natürliche Selektion.

Darüber hinaus nutzt der Beizvogel den Menschen als Nahrungsbeschaffer in seiner natürlichen Umwelt: Das angeborene Können in Verbindung mit hoher Lernkapazität hat bei Greifvögeln das „Shadowing-Verhalten" ausgebildet, eine Eigenschaft, andere Greifvögel (aber auch den Menschen) bei der Jagd zu beobachten, ihnen wie ein „Schatten" (engl.: shadow) zu folgen, um ihnen, mit geringem Energieaufwand für die eigene Jagdaktivität, die Beute streitig zu machen oder zufällig die durch den Verfolgten aufgescheuchten Beutetiere leicht zu schlagen (Merline „beschatten" Kornweihen während der Jagd auf Moorschneehühner und erbeuten die bei dem Suchflug der Weihen zufällig auch erschreckt auffliegenden Lerchen oder Pieper. In England heißt die Rohrweihe auch „duck-hawk", Entenhabicht, weil sie oft die von Jägern hochgemachten Enten schlägt).

Im entsprechenden „natürlichen" Assoziationsverhältnis jagen Beizvögel mit dem Falkner bzw. Falkner, Hund und Frettchen, wobei letztere als domestizierte Raubsäuger den analogen „Wildtierplatz“ der Jagdnische von Greifvögeln einnehmen. Es ist eben nicht das direkt gebotene Futter, das den Beizvogel mit dem Falkner jagen und zu ihm zurückkehren läßt – eine gängige Laienvorstellung –, sondern der Mensch füllt in dem Verhaltensschema des Habichts oder Falken einen adäquaten öko-ethologischen Platz aus, der dem Greifvogel die Beutetiere in seiner Umwelt, seinem Ökosystem, energetisch günstig nutzbar macht. Beizjagd ist dementsprechend eine art- bzw. ökosystemgerechte Jagd.

Wildvögel synchronisieren ihren jagdlichen Rhythmus mit den Tagesaktivitätsmustern ihrer Beutetier-Populationen. Entsprechend stellt der Beizvogel seine Jagdintention auf die Aktivität des Beizjägers ein. Wie unter natürlichen Bedingungen wird hier gelernt, wobei Zeitgeber und Verstärker – im lernpsychologischen Sinne – das Aktivitätsmuster des Menschen ist, dessen Jagdrhythmus vom Beizvogel gelernt wird, wie eine entsprechende Beutetieraktivität. D. h., faktisch gibt es keinen programmatischen Verhaltensunterschied im Tagesablauf zwischen einem Beizvogel und einem Wildvogel; denn ob er direkt über den Beutetier-Rhythmus oder indirekt über den mit ihm jagenden Menschen lernt, wann Beutetiere erreichbar sind, ist für den Greifvogelorganismus weder energetisch noch verhaltensbiologisch von Bedeutung, beide Jagdstrategien sind nahrungsnischenangepaßt (Beizvögel zeigen deshalb auch keine Stereotypismen bzw. Kinetosen wie beim Käfigsyndrom von Raubkatzen).

In Deutschland wird der Habicht *Accipiter gentilis* am häufigsten für die Falknerei eingesetzt, bedingt durch seine vielseitige Einsatzmöglichkeit als „Beute-Generalist“ und als Anpassungsform an deckungsreiche Hecken- bzw. Waldlandschaften. Ferner werden Wanderfalken *Falco peregrinus,* Gerfalken *Falco rusticolus,* Lanner *Falco biarmicus,* Saker *Falco cherrug* und Steinadler *Aquila chrysaetos* als Beizvögel geflogen, die alle ausschließlich aus Nachzuchten stammen. In den letzten Jahren führen Falkner vermehrt auch amerikanische Greifvögel ein, wie den Harris Hawk *Parabuteo unicinctus* und den Rotschwanzbussard *Buteo jamaicensis* und tragen sie erfolgreich zur Beize ab.

Als die Falknerei in den 70er Jahren zu einer Wissenschaft wurde, entwickelten Forscher auch die künstliche Besamung im Rahmen von Artenschutzprojekten. Mit dieser Vermehrungstechnik gelang es, Art-Hybriden zu erzeugen, die Aufschluß über die Stammesgeschichte bzw. die Verwandtschaftsverhältnisse der Greifvögel geben sollten. Ein Teil dieser Arthybriden wurden und werden in der modernen Falknerei geflogen – insbesondere in Amerika. Aufgrund möglicher „genetischer" Gefährdungen der einheimischen Wanderfalkenpopulationen durch entflogene Beizfalken-Hybriden – insbesondere von Wanderfalken/Großfalken-Hybriden – lehnt der Deutsche Falkenorden (DFO), als staatlich anerkannte Naturschutzorganisation, im Sinne einer vorbeugenden Maßnahme das Fliegen dieser Greifvögel als Beizfalken ab.

Haltung

Anbindehaltung

Beizvögel werden in der Regel während der Beizsaison nach tradierten Methoden der Anbindehaltung aufgestellt. Kleine Lederriemchen („Geschüh") werden mit einem speziellen Knoten, der das Bein durch Zuziehen nicht abschnüren kann oder einer Ledermanschette (Aylmeri-Geschüh) am Fuß befestigt. Über einen Wirbelring („Drahle") werden dann beide Geschühenden miteinander verbunden. Durch den zweiten Ring der Drahle wird anschließend die „Langfessel", ein ca. 1,5 m langer Lederriemen gezogen, mit dem der Beizvogel auf Armlänge am „Block" (für Falken) oder „Sprenkel" (Habichtsbogen für habichts- und bussardartige Greifvögel) mit einem Sicherheitsknoten angebunden wird. „Moderne" Falkner nehmen anstatt des Lederriemens, der mürbe werden kann, eine Plastikkordel, die mehr Sicherheit gewährleistet.

Stellplätze für Block und Sprenkel sind Rasenflächen oder Kiesbetten (Falken), die aus Gründen der Krankheitsvermeidung ein regelmäßiges Wechseln, Säubern bzw. Desinfizieren des Platzes bzw. Untergrundes erlauben. Die Beizvögel sollten die Möglichkeit haben, ihren Bedürfnissen entsprechend, Sonne und Schatten aufzusuchen, zu baden (Staub-, Wasserbad je nach Art) und zu trinken. Orte mit durchbrochenem Licht unter Bäumen oder eine erreichbare „Spitzhütte" und eine ausreichend große Badeschüssel („Badbrente") sollten deshalb immer zur Verfügung stehen.

Während des Abtragens – insbesondere von Wildfängen – kann auch kurzfristig die sog. „hohe Reck" eingesetzt werden. Dies ist eine armdicke Sitzstange in Brust-Augen-Höhe des Menschen. Auf Geschühlänge wird hier der Vogel mit einem besonderen Knoten befestigt. Durch ein direkt unter der Stange befestigtes „Recktuch" kann der Vogel, falls er einmal abspringen sollte, sich wieder aufschwingen. Während dieser Unterbringung muß der Beizvogel immer unter Kontrolle stehen, denn nicht alle Greifvögel lernen sofort die Technik des Zurückkehrens auf die Sitzstange. Durch diese Haltemethode lernt der Vogel direkt (Gewöhnung = Habituation) oder in Verbindung mit Futtergaben (positive Verstärkung) die Fluchtreaktion gegenüber dem Menschen zu vermeiden bzw. belegt er das Erscheinen des Menschen mit einem für ihn positiven Erlebnis und wird sehr schnell zahm („locke"). Daneben gibt es noch spezielle andere „Reckformen", die aber alle mehr oder weniger den gleichen Zweck erfüllen; dem Vogel bieten manche aber mehr Bewegungsfreiheit (Waller-Reck, Säulen-Reck u. a.).

Volieren

Außerhalb der eigentlichen Beizsaison werden Greifvögel während der Frühjahrs- und Sommermonate in besonderen „Mauserkammern" untergebracht. Dies sind speziell für den Beizvogel konzipierte Volieren, die in der Regel drei geschlossene Seitenwände besitzen, eine mit Holztrallien (Rundhölzern) versehene Längsfront und ein Dach, das zu ⅔ aus lichtdurchlässigem Material besteht. Mit zwei bis drei Aufblockmöglichkeiten – an oder in der Nähe der Wände, die so angebracht sind, daß der Vogel sie nicht beschmelzen (mit Kot verschmutzen) kann und sie den Innenraum zum Fliegen frei lassen – ist die Voliere sehr sparsam „möbliert". Eine „Badbrente", deren Wasser regelmäßig gewechselt werden muß und ggf. ein Atzungsbrett, das von außen beschickt werden kann, vervollständigen die Inneneinrichtung. Der Raum sollte nur über eine Innenschleuse betreten werden können, um ein ungewolltes Entkommen des Vogels zu vermeiden. Grober Kies, der leicht zu säubern ist, genügt als Bodenbelag.

Sinn dieser Volierenkonstruktion und Ausstattung ist, daß das Gefieder des Vogels während dieser Unterbringung nicht beschädigt („verbinzt") wird, insbesondere da Greifvögel ihre Federn in der Zeit von März bis Oktober (je nach Art) vermausern (deshalb

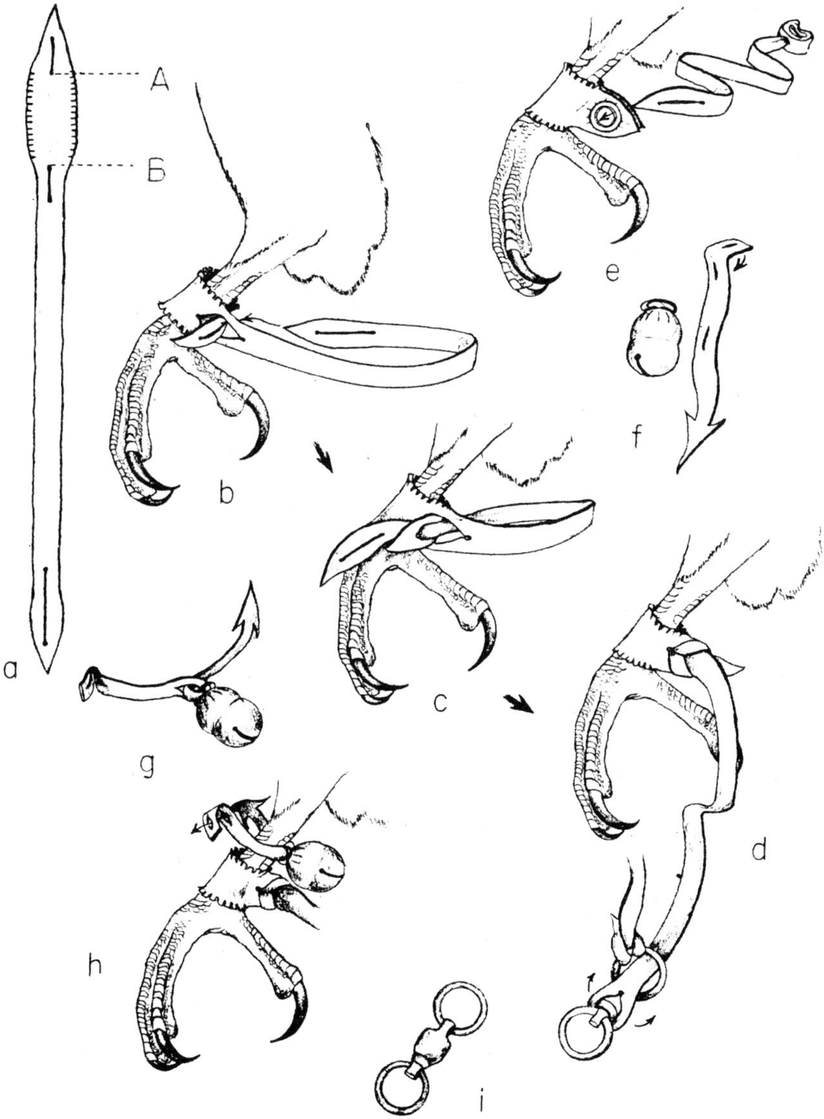

„Geschüh" eines Beizvogels (a–e); „Bell, -riemchen" (f–h); „Drahle" (i, d).

auch der Name „Mauserkammer“) und die empfindlichen nachwachsenden Federn intakt bleiben; denn nur ein im Federkleid perfekter Beizvogel kann Wildtiere unter natürlichen Bedingungen erbeuten. Für die verschiedenen Greifvogelarten hat die Sachverständigengruppe „Tierschutzgerechte Haltung von Vögeln“ des Bundesministeriums für Ernährung, Landwirtschaft und Forsten Volierenmaße und Bedingungen erarbeitet.

Flugdrahtanlage

Daneben gibt es noch die sog. Flugdrahtanlage. Bei dieser Unterbringung wird zwischen einer Aufblockmöglichkeit und einer Schutzhütte oder zwischen zwei Schutzhütten mit Sitzgelegenheiten ein Draht gespannt, an dem über einen Ring der Beizvogel festgemacht wird. Die Länge des Spanndrahtes sollte 10 bis 15 m nicht überschreiten, da z. B. ein Habicht relativ hohe Geschwindigkeiten auf kurze Entfernungen erreichen kann, was letztlich zu Verletzungen führen könnte. Jede Flugdrahtanlage muß daher der Art und dem Individuum angepaßt werden. Grundsätzlich ist diese Haltung tiergerecht, wenn sie fachlich korrekt durchgeführt wird. Sie ist sogar so „artgerecht“, daß ein Wildhabichtterzel sich mit einem so gehaltenen Weibchen verpaarte, das dann zwei befruchtete Eier legte.

Haltung und Tierschutz

Die oben beschriebenen Halte-Techniken werden von seiten des Tierschutzes besonders skeptisch beurteilt; dabei ist zu bedenken, daß Greifvögel nur fliegen bzw. jagen, wenn es energetisch indirekt oder direkt notwendig ist. Ein „Herumfliegen“ als bewußten „Lustgewinn“ gibt es nicht, alle Bewegungen kosten Energie, die insbesondere bei Fleischfressern schwer erreichbar ist; denn

1. sind Beutetiere (also Eiweiß), im Gegensatz zu Pflanzen, in Ökosystemen selten (auch wieder aus energetischen Gründen),
2. ist der energetische Nutzungsgrad von Eiweiß relativ gering und
3. sind Beutetiere nur unter Höchstleistungen des jagenden Organismus zu erreichen.

So kann der Energieumsatz während eines Jagdfluges das 10- bis 20fache des Ruheumsatzes betragen. D. h., alle Greifvögel gehen sehr ökonomisch mit ihren Bewegungen um. Weit über 95 % ihrer Tagesaktivität in der Natur kann deshalb „Ruhen", auf „Sparflamme" leben, sein. Das Verhalten hängt natürlich von der Greifvogelart (Jagdtechniken) und der Jahreszeit ab (z. B. Arbeitsteilung im Brutzyklus: Männchen jagt, Weibchen brütet und bewacht Junge): Habichte und Wanderfalken (Männchen während der Brutzeit) baden, sonnen, putzen z. T. über Stunden ihr Gefieder und „dösen". Überwinternde Wanderfalken an der Nordsee jagten in einem holländischen Poldergebiet im Durchschnitt nur wenige Minuten pro Tag. Ähnliche Untersuchungsergebnisse gibt es für andere Greifvögel.

Das bedeutet, daß die Anbindehaltung, das Ruhen des Beizvogels auf Block oder Sprenkel, deckungsgleich zu dem evolutiv bedingten Nutzungsverhalten seiner Nahrungsnische in der Natur ist, eine Nahrungsnische, die der Greifvogel nur ausbilden konnte durch die „Erfindung" eines „Energiesparverhaltens". Es ist eben nicht die falknerische Haltung, die den Vogel am Block scheinbar zwingt, inaktiv zu sein, sondern sein angeborenes Grundmuster zur Vermeidung von Energieverlusten. Die Beizvogelaufstellung ist folglich tierschutz- und artgerecht, da sie die biologisch gegebenen Verhaltensprogramme der Art und des Individuums naturidentisch simuliert.

Ausbildung zum Beizvogel

„Abtragen"

„Abtragen" ist der falknerische Fachausdruck für das Abrichten des Beizvogels; denn die Grundlage des Dressierens bildet das „Tragen" des Vogels auf dem Falknerhandschuh. Durch das Tragen, in Verbindung mit Atzung, wird der Vogel mit dem Falkner und der Umwelt vertraut. Die Erziehungsschiene ist zunächst, daß alle Aktivitäten, die der Falkner vom Vogel wünscht, durch das Reichen von Futter belohnt und dadurch gelernt werden. Die schrittweise Annäherung an bestimmte Zielvorstellungen (Vertrautheit gegenüber Menschen und Hunden, zum Falkner fliegen etc.) werden so, ohne den Vogel zu stressen, erreicht; denn Beizjagd ist vordergründig nur die intensive, störungsfreie Beobachtung verhaltensbiologischer und ökologischer Phänomene eines jagenden Räubers in seinem Biotop, der

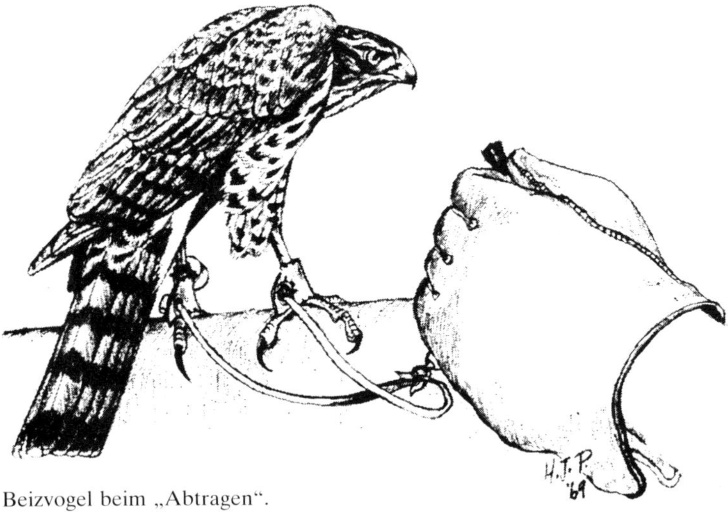

Beizvogel beim „Abtragen“.

gelernt hat, die Anwesenheit des Menschen zu tolerieren und sogar „auszunutzen“ (neutraler: nutzbar zu machen) entsprechend seines genetisch vorgegebenen Programmes. Jedoch bleibt der Falkner durch diesen „Nutzungseffekt“ von seiten des Greifvogels nicht mehr allein ein entfernter, außenstehender Beobachter des Jagdgeschehens, sondern er wird direkt einbezogen in eine „Räuber-Beute-Beziehung“, er wird zu einem integrierten Bestandteil von Stoffkreisläufen, Energieflüssen und Evolutionsprozessen seines Ökosystems. D. h., durch das Abtragen und Fliegen eines Greifvogels wird der Falkner auf der Beize wieder Natur – Natur definiert als gewesene Umwelt, bevor die Zerstörungen durch die Menschen der Stadt- bzw. Industriegesellschaft begannen.

Nestling, Wildfang, Prägungsphasen

Während des Abtragevorganges selbst muß man beim Habicht zwischen einem durch den Menschen aufgezogenen Nestling (unabhängig, ob er aus der Natur oder Zucht stammt), der schon relativ vertraut ist, und einem Wildfang (Vogel im ersten Kalenderjahr) aus der Natur, der schon selbständig gejagt hat, aber die Nähe des Menschen nicht kennt, unterscheiden. Da alle Falken

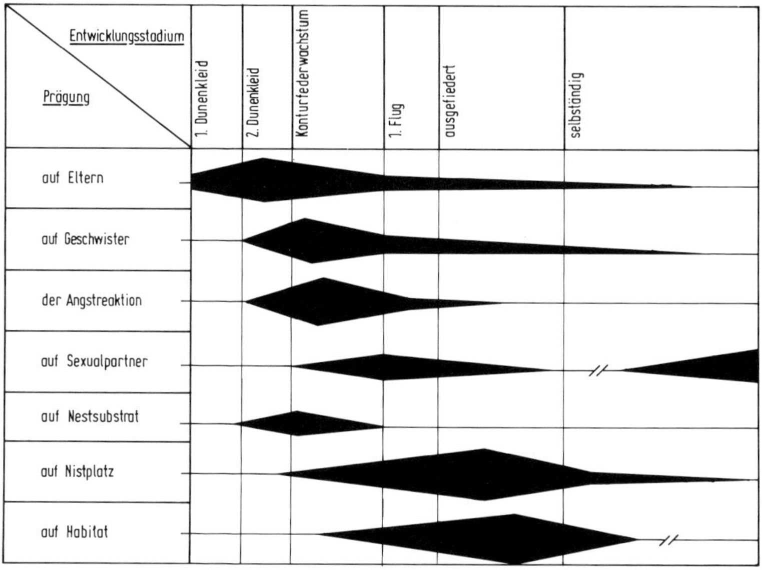

Darstellung verschiedener prägbarer Reaktionen mit Prägungsphasen bei Falken (Verändert nach: N. Fox 1995, Bednarek 1988, Bednarek DFO Seminarmanuskript).

nur aus Nachzuchten stammen, haben wir hier die Möglichkeit, wie beim Habicht, einen Nestling aufzuziehen oder ihn bis zur bedingten Selbständigkeit bei den Elterntieren zu belassen. Letzteres hat bei Falken viele Vorteile. Sie sind wie Wildfänge im Verhalten: kein lautes Anbetteln („Lahnen") des Falkners als Elternersatz, keine sexuelle Fremdprägung auf den Menschen, so daß sie in Zukunft für die Zucht eingesetzt werden können, aber leider sind sie so unerfahren wie Nestlinge.

Greifvögel durchlaufen nach dem Schlupf unterschiedliche Reifungs- bzw. Entwicklungsphasen, in denen das Verhaltensprogramm im Extrem genetisch eng festgelegt sein kann oder nur als „leerer Rahmen" geliefert wird, der zeitlich begrenzt zur Verfügung steht und dann durch einen Lernvorgang ausgefüllt werden muß. Diesen Lernvorgang, der nur während ganz bestimmter Zeitabschnitte (sensible Phasen) in der Entwicklung ablaufen kann, nennt man Prägung. Ist der Prägungsvorgang, das Lernen eines bestimmten Objektes (Elternteil, Futter, Nest, Habitat u. a.) abgeschlossen, bleibt das Erlernte ein Leben lang im Gedächtnis haften, wird nicht mehr vergessen. Für jedes Objekt gibt es natürlich eine unterschiedliche sensible Phase, und oft wird das Zielobjekt gelernt, bevor die zugehörige Reaktion ausgebildet ist (Objekt: Sexualpartner wird während der Nestlingszeit bis zum Selbständigwerden geprägt, zugehörige Reaktion: Balzverhalten tritt erst Monate bis Jahre später auf). Bei Nestflüchtern (Enten, Fasane, Hühner) sind die Lernphasen häufig sehr kurz (oft nur auf Stunden begrenzt), bei Nesthockern länger (Tage, Wochen [Jahr?]) und laufen dementsprechend gleichzeitig oder überlappend ab. Entsprechend kann es bei der Aufzucht von Greifvögeln das Problem der sog. Fremdprägungen geben. D. h., Greifvögel, die von Falknern z. B. mit der Hand, isoliert ohne Geschwister aufgezogen werden, werden den Menschen als Elternteil anbetteln („Dauerlahner") und als Sexualpartner anbalzen, wenn sie geschlechtsreif geworden sind; denn Prägungsobjekte sind: Geschwister, Eltern, Sexualpartner, Nestart, Neststandort, Entwicklung der Angstreaktion, Habitat u. a. Doch da unterschiedliche Prägungsphasen für die einzelnen Lerninhalte existieren, kann der Falkner als Objekt alle oder nur einzelne abdecken. Um einen idealen Beizvogel (ggf. auch einen für die Zucht geeigneten) ohne Anteile von Fremdprägung zu erhalten, müßte der Nestling von einer artgemäßen Amme aufgezogen werden – eine Handpuppe mit einem Greifvogelkopf kann denselben Erfolg bringen. Gleichzeitig sollte der Kontakt zum Falkner und einer reizintensiven Umgebung gegeben sein – zur Verhinderung der Entwicklung spezifischer Angstreaktionen –, ohne daß der Falkner mit dem Futter in Verbindung gebracht wird. Großfalken und Habichte zeigen zwar ähnliche Prägungsphasen, doch insbesondere die Entwicklung der Angstreaktion scheint bei beiden Ordnungen unterschiedlich zu sein. Im Gegensatz zu Falken kann bei Habichten, die von Elterntieren in geschlossenen, reizarmen Zuchtkammern bis zum Selbständigwerden aufgezogen wurden, die Angst vor Menschen und Gegenständen über Futterverstärkung z. T. nur schwer abgebaut werden. Das ist bei Großfalken anders.

Wildflug

Viele Falkner „schirren" den Beizvogel auf und stellen ihn auf Block oder Sprenkel, sobald er ausgefiedert, „trocken" ist, wie der

Falkner sagt, wenn die Federn fest, ihre endgültige Ausprägung haben und nicht mehr weiter wachsen. Daneben gibt es die Möglichkeit, den Jungvogel in den „Wildflug“ zu stellen. Dabei wird der Habicht oder Falke in einem Kunsthorst oder Nistkasten, der sich in einem Baum (Habicht, Falken), auf einem Gebäude oder in einem besonders zu diesem Zweck konstruierten Auswilderungshaus (bei Falken) befindet, untergebracht und aufgezogen, oder er wird erst in einem bestimmten Alter (ca. 3 Wochen) dort eingesetzt. In diesem Kunsthorst wird der Greifvogel, oft sind es auch mehrere, gefüttert. Entwicklungsbedingt verläßt er dann das Nest und erkundet selbständig die Umgebung. Da das Futter auch weiter in den Horst gelegt wird, kehren Jungvögel immer wieder zu ihrem Horst und dem Wildflugplatz zurück, selbst wenn sie sich mehrere Kilometer entfernt haben. Der Wildflugort muß sorgfältig ausgesucht werden, denn in unserer dichtbesiedelten Landschaft eignen sich nur wenige Räume, die ein ungestörtes und ungefährdetes Aufwachsen der Nestlinge und Ästlinge bis hin zur Bettelflugperiode erlauben. Wenn die Vögel versuchen, selbständig Beute zu machen oder bereits Beute geschlagen haben, nimmt man sie aus dem Wildflug und schirrt sie auf. Beizvögel, die unter diesen Bedingungen aufgezogen wurden, sind oft schon so vertraut wie Nestlinge (je nach Aufzuchtsumgebung) und zeigen darüber hinaus die Flugtechniken eines Wildvogels.

Abtragen des Habichts

Der Abtragevorgang selbst, wenn nur an das „Lockemachen“ gedacht ist, ist beim Habicht und Falken im Prinzip identisch. Die Vögel werden veranlaßt, auf dem Lederhandschuh des Falkners das Fleisch, das er ihnen anbietet, zu kröpfen. Ist dies gelungen, werden sie fressend getragen, bei kontinuierlicher Erhöhung der Reize in der Umgebung. D. h., man geht schrittweise vom ruhigen Wohnzimmer über den Garten, mit Hund und Kindern bis zu einem belebten Ort, wo sich fremde Personen, Tiere und Fahrzeuge bewegen und Unruhe und Geräusche verursachen. Die Abtragemethode besteht eben darin, daß der zukünftige Beizvogel lernt, daß seine Umgebung, wie immer sie aussehen mag, keine Gefährdung für ihn darstellt, sondern mit dem positiven Erlebnis Futter bzw. „Beuteverzehr“ verbunden ist. Im Prinzip erkennt er dadurch, daß die „neue“ Umwelt, durch die er getragen wird, ein „potentielles Jagdgebiet“ ist. In der Natur würde der Greifvogel

Abtragen des Wanderfalken – hier mit Haube.

jetzt, während der Bettelflugperiode, entsprechend seinen Biotop erkunden, während er noch Beute von den Eltern zugetragen bekommt. D. h., der Abtragevorgang „simuliert“ die natürlichen Entwicklungsabschnitte im Leben eines jungen Greifvogels. Wenn er in allen Situationen, ohne sich stören zu lassen, Futter zu sich nimmt, auch ohne Futter während des Tragens nicht abspringt und vertraut, mit leicht geplustertem, lockerem Gefieder auf der Faust steht, ist er „locke“, ist er zahm.

Gleichzeitig oder erst nach dem Erreichen des oben beschriebenen Zustandes läßt man den Vogel an einer Leine, der „Lockschnur“, die man an die Drahle bindet, täglich auf immer größere Distanz zur Faust fliegen, „beireiten“. Auf ihr wird der Greifvogel dann immer nach jedem Flug mit einem Stück Atzung belohnt. Diese Beireitübung soll zu Beginn aber höchstens 1- bis 3mal durchgeführt werden, und nach dem letzen Flug muß er die Fleischportion erhalten, die für den Tag vorgesehen ist.

Ein anderer Weg, den Habicht schnell zum Freiflug ohne Lockschnur zu bekommen, ist der Gebrauch der „Schleppe“. Sie ist ein ausgestopfter Kaninchen- oder Hasenbalg, der mit einer Schnur versehen ist und auf dessen Rücken in der Nähe des Kopfes

Atzung gebunden wird. Dieser Balg wird an dem auf dem Sprenkel stehenden Vogel langsam vorbeigezogen, der nach einigem Zögern in der Regel abspringt, ihn schlägt und die Atzung annehmen wird. Hat er das Fleisch verzehrt, bietet man ihm Atzung auf dem Handschuh an, und veranlaßt ihn so, zum Falkner auf die „Faust" überzutreten, wo er für diesen Tag aufgeatzt wird. Wie bei dem Faustappell wird jetzt der Habicht auf immer größere Entfernung gerufen (man kann auch pfeifen), indem der Balg jetzt von dem Falkner selbst oder einer Hilfsperson gezogen wird und der Habicht dann vom Handschuh, wie auf der späteren Beize, zum Balg fliegen kann. Habichtsterzel (Weibchen seltener) werden als bevorzugte Flugwildjäger auch auf das „Federspiel" abgetragen.

Sind diese Appellübungen gefestigt und kommt der Beizvogel auf 30 bis 40 m ohne zu zögern zum Falkner geflogen, kann man ihn, je nach Alter und Jahreszeit (Schonzeiten müssen beachtet werden), an Wild bringen, d. h., man versucht, für den auf der Faust stehenden Habicht Kaninchen, Hasen, Fasane, Enten, Möwen, Krähen zu finden und hochzumachen.

Abtragen des Falken

Alle im vorigen Abschnitt gemachten Ausführungen gelten uneingeschränkt für den Habicht und im Prinzip auch für den Falken – sieht man von der Schleppe und den weiten Appellflügen zur Faust einmal ab. Der frisch aufgeschirrte Falke wird dagegen noch zusätzlich an eine Lederkappe, die „Haube", gewöhnt, die ihm die Augen verdeckt. Sie ist ein zusätzliches Hilfsmittel, das das Abtragen erleichtert und den Falken vor der eigentlichen Beize in eine entspannte, streßfreie Ruhe versetzt. Entsprechend putzen sie sich auch ausführlich und schlafen fest mit dem Kopf im Nackengefieder, wenn sie unter der Haube stehen. Falken lernen schnell, daß das Verkapptwerden und -sein mit der Instinkthandlung Jagen verbunden ist, die es zu befriedigen gilt. Gut abgetragene Falken strecken deshalb den Kopf vor, wenn der Falkner erscheint, damit sie den Kopf in die Haube stecken können.

Ferner wird nach den ersten, auf kurze Entfernung durchgeführten Beireitübungen zur Faust der Falke an eine Beuteattrappe („Federspiel") gewöhnt. Die Attrappe ist ein hufeisenförmiger Lederkörper, auf dem zwei Paar Flügel befestigt sind, und die mit

Fleisch versehen, „gespickt", ist. Auf ihr wird der Beizfalke dann gerufen und mit Futter belohnt. Dabei wird die Entfernung täglich gesteigert. Das Federspiel befindet sich an einer ca. 1,50 bis 2,00 m langen Schnur, so daß es als „Trainingsgerät" zur Ausbildung der Flugmuskulatur des Vogels eingesetzt werden kann. Durch kreisförmiges Drehen versucht der Falkner dann, mit dem Federspiel Beutetierflüge nachzuahmen. Bis zu 100 „Jagdangriffe", Stoßflüge bzw. „Durchgänge" kann so ein Falke fliegen, indem der Falkner dem heranstreichenden Beizvogel immer wieder im letzten Moment die vermeintliche Beute entzieht. Trainingsflüge dieser Art müssen sorgfältig geplant und der Entwicklung des Jungvogels entsprechend vorsichtig gesteigert werden, doch sie simulieren bis zu einem gewissen Grade Jagdflüge mit naturanalogen Fehlstößen. (Habichte fliegen, wenn überhaupt, nur wenige Durchgänge. Sie können dennoch etwas trainiert werden, wenn man die natürliche Jugendphase, die Bettelflugperiode, berücksichtigt. In dieser Altersstufe folgen entsprechend abgerichtete Habichte dem Falkner von Baum zu Baum, in der sog. „Freien Folge", ohne ernsthaft jagen zu wollen. Ausgedehnte „Spaziergänge" über Stunden durch Stangenhölzer und Hochwald fördern die Flugtechnik und Ausdauer.)

Kondition, die Motivation zu jagen

Natürlich müssen die Vögel bei all diesen Übungen hungrig sein. Durch tägliches Wiegen erfährt der Falkner, wie der körperliche Zustand und die damit verbundene Lern- und Jagdbereitschaft des Vogels sind. Vergleichbar mit dem Übungsprogramm eines Trainers für den gut durchtrainierten Athleten, bringt der Falkner durch entsprechende Atzungsgaben und Übungsflüge den Vogel in „Kondition", in eine optimale Verfassung. Dabei muß bedacht werden, daß die verschiedenen Greifvogelarten unterschiedliche Ansprüche an die Atzungsqualität stellen und in Abhängigkeit von der Flugleistung und der Zeit des „Getragenwerdens" unterschiedliche Mengen aufnehmen müssen. Ein Wanderfalke oder Habicht (Vögel um die 1000 g) benötigen ca. 10 %, ein Steinadler (ca. 4000 bis 5000 g) benötigt nur ca. 5 % und ein Sperber (ca. 280 g) ca. 25 % seines Körpergewichtes an Atzung.

Mit dem Beginn der eigentlichen Beize verändert sich die Einstellung bzw. Beziehung des Greifvogels zum Falkner. Die primäre, kurzfristige „Futterzahmheit", z. B. bei einem Habichtswildfang (oder Falken, der in einer ringsum geschlossenen Zuchtvoliere von Elterntieren aufgezogen wurde), wird jetzt ersetzt durch ein „Vertrauensverhältnis". Es ist nicht das Vertrauen im menschlichen, moralischen Sinne, es ist die Sicherheit des Wissens, das der Mensch ihm, dem Greifvogel, Beutetiere energetisch günstig nutzbar macht. Da Jagen eine Instinkthandlung ist, die befriedigt werden muß, um den „Organismus" in einem „Gleichgewichtszustand" zu halten, und der Falkner hilft, diesen Zustand zu erreichen, jagt der Beizvogel wie ein Wildvogel in „Kompanie" mit dem Falkner. Nur das normale Hungergefühl, das ein Maß für das tägliche Energiedefizit ist, ist das eigentliche Band der Beziehung.

Wenn die äußeren Rahmenbedingungen gegeben sind, ist es sogar möglich, die Vögel gegen Ende des Wildfluges nicht fest zu machen, sondern mit ihnen „frei" zu beizen, indem man ihnen günstig Beutetiere hochmacht. Sehr schnell lernt der Greifvogel dann, daß das eigenständige Jagen viel „anstrengender" ist, als das gemeinschaftliche „Beizen" mit dem Falkner, und er stellt sich dementsprechend darauf ein. Ich habe Wanderfalken, Lanner- und Rotkopffalken über Wochen, ja Monate so frei gehalten. Sie übernachteten am Haus oder im Wald, und erst wenn ich nachmittags mit den Hunden erschien, warteten sie über uns an, um zu jagen. Natürlich konnte ich so nur in der Umgebung des Wildflugplatzes mit ihnen beizen. (Ein geschickter Falkner ist sogar in der Lage, zu einem wild lebenden Greifvogel dieses Verhältnis aufzubauen, ohne daß er den Vogel jemals in der Hand gehalten hätte.)

Beizarten

Die Beize mit dem Habicht

Die eigentliche Faszination der Falknerei beginnt mit der Beize. Greifvögel können angeborenermaßen jagen. Doch sie müssen lernen, wie die Beutetiere sicher zu halten und schnell zu töten sind. Das „Jagenkönnen" bei Jungvögeln ist eine Frage der Entwicklung, der Reifung von Verhaltensweisen. Welche Beute dann geschlagen wird, scheint von Art zu Art verschieden, teils angeboren, teils erworben zu sein. U. a. lernen Greifvögel während der Nestlingszeit und insbesondere während der Bettelflug-

periode „ihre" Nahrung kennen durch die von den Eltern zugetragene Beute oder durch vorhandene Beutetiere des Habitates, die sie aufgrund ihrer körperlichen Voraussetzungen greifen können. Nestlinge werden vom Falkner auf bestimmte Beutetiere eingestellt, indem zunächst günstige und leichte Chancen auf das entsprechende Beizwild gegeben werden. Wildfänge kennen schon Beutetierarten und haben entsprechend ihre Erfahrungen gesammelt, sind aber noch so plastisch in ihrem Verhalten, daß sie durchaus auf das vom Falkner gewünschte Wild abgetragen werden können.
Habichte jagen direkt vom Falknerhandschuh oder aus der „Freien Folge" von einer Warte im Baum auf vom Falkner oder Hund hochgemachtes Wild oder auf Wild, das sie selbst entdeckt haben. Wird z. B. ein Fasan zum Auffliegen gebracht, versucht der Habicht in einem schnellen Verfolgungsflug die Beute direkt von oben zu ergreifen oder sie zu unterfliegen und in einer Drehbewegung von unten an der Brust zu binden. Erfahrene Habichte verfolgen oft den Fasan tief über dem Boden fliegend so lange, bis er herunter kommen muß, und sie schlagen ihn dann im Einfallen. Vom Habicht selbst entdecktes Wild wird indirekt, unter Ausnutzung von Deckung – Hecken, Gräben, Wälle u. a. – im Pirschflug angejagt und überrascht (Überraschungsjäger). Erbeutete Tiere werden nicht apportiert, sondern der Habicht bleibt auf der Beute stehen und entsprechend seinem angeborenen Tötungsreflex tötet er die Beute durch Erstechen mit den Krallen oder stranguliert bzw. erstickt sie mit Zehen und Krallen – wenn er z. B. ein Kaninchen am Kopf oder Hals gebunden hat. Der Falkner muß sich dann dem Vogel behutsam nähern und ihn veranlassen, durch Darbieten eines Atzungsbrockens auf den Handschuh überzutreten. Bei der Beize mit dem Habicht werden Vorsteh- und Stöberhunde auf Niederwild eingesetzt und zusätzlich Frettchen für die Kaninchen, die auf den Bauen liegen. Habichte verbinden sehr schnell das Einsetzen des Frettchens in eine Kaninchenröhre mit der in Zukunft zu erwartenden Beute. Während sie beim Tragen durch das Revier immer aufmerksam alle Bereiche der Umgebung kontrollieren und die buschierenden Hunde mit den Augen genau verfolgen, stehen sie während des Frettierens „ruhig" konzentriert, fast entspannt auf dem Handschuh, wie ein Wildhabicht bei der Ansitzjagd, der gelernt hat, daß in diesem Teil seines Revieres früher oder später Beute erscheinen wird.

Habicht nach erfolgreicher Beizjagd.

Wanderfalke nach erfolgreicher Beizjagd auf einer Silbermöwe.

Die Beize mit dem Falken

Auch Falken können von der Faust direkt Wild anjagen (Faustfalken). Diese Beiztechnik wird auf feldernde Krähen, Elstern und Möwen angewandt (in Bundesländern, in denen zur Zeit die Jagd auf Rabenvögel verboten oder eingeschränkt ist, gilt das auch für die Beizjagd!). Hat der Falkner das entsprechende Beizwild, z. B. Krähen, in der richtigen Entfernung (ca. 100 m), in dem richtigen Gelände (freie, deckungsarme Kulturlandschaft) entdeckt, nimmt er, unter Berücksichtigung des Windes (Gegenwind) dem verkappten Falken die Haube ab. Dieser wird nach einer kurzen Orientierung die fliegenden Krähen sehen (nur wenn sie fliegen, soll der Vogel entkappt werden) und sie angreifen. Falken versuchen dann, den Schwarm zu übersteigen und durch Stöße einzelne Vögel von den anderen zu trennen. Insbesondere werden oft kranke, behinderte oder „nervenschwache" ausgesucht, gezielt verfolgt und dann relativ leicht geschlagen. Doch Rabenkrähen sind geschickte Flieger und weichen immer wieder den Stößen aus, versuchen immer wieder den Falken auch ihrerseits zu übersteigen, fliegen ihm sogar manchmal entgegen, so daß er, der Räuber, ausweichen muß, um eine Kollision zu verhindern, bis letztlich eine Krähe niedergeschlagen, gebunden oder einfach in einem Baum oder Strauch dem Zugriff des Falkens entkommt. Für die Krähe (und den Falken) eine alltägliche Situation: Sie wurde als Beute geboren, ausgestattet durch die Evolution mit Eigenschaften (wie einer hohen Lernkapazität und der Fähigkeit zu akrobatischen Flugmanövern), um möglichst lange ihrer eigentlichen Bestimmung, nämlich auch Beute zu werden, zu entkommen. Dennoch wird sie letztlich Glied in einem Nahrungsgefüge, das ihre Energie und Baustoffe in der Nahrungskette an einen Fleischfresser, einen Konsumenten höherer Ordnung, weitergeben wird. Entsprechend ist die Situation beim Greifvogel: Er wurde als Räuber, als Fleischfresser geboren, sein Nahrungserwerb ist das „Jagen", und dementsprechend hat die Evolution ihn als „Stoßfluggreifer" ausgestattet, und jeder Jagdflug ist, wie auch bei der Krähe, ein Test der biologischen Fitneß. Bei keiner anderen Beize wird die gegenseitige Anpassung von Räuber und Beute im Laufe der Stammesgeschichte so deutlich sichtbar.

Die Krähenbeize mit dem Faustfalken bedarf zwar freier Landschaftsräume (z. B. Börden), doch kleinere Hecken oder vereinzelte Bäume dürfen vorhanden sein, aus denen man die Krähen – sollten sie diese vor dem angreifenden Falken angenommen haben – wieder hoch machen kann; zwar lernen Falken sehr schnell, daß sie Beutetiere nicht im Geäst greifen können, doch genau so schnell erkennen sie, daß der Falkner die Krähen wieder aus dem Schutz der Bäume in den freien Luftraum treiben kann. Sie warten dann über den Büschen mit der möglichen Beute an, bis der Falkner kommt. In abgestimmter Zusammenarbeit zwischen Falkner und Falken gelingt es, manchmal eine Krähe zum Verlassen der Büsche zu bewegen, so daß der Falke sie binden oder niederschlagen kann.

Dieser Teil der Krähenbeize mit dem Faustfalken ist bereits der Ansatz einer zweiten Beizart, nämlich die der „Anwartefalknerei“. Die Anwartefalknerei unterscheidet sich in wesentlichen Eigenschaften von der Beize mit dem Faustfalken. Bei dieser Beizart hat der Falke, entsprechend seinen natürlichen Anlagen, gelernt, auf nicht sichtbares Wild hoch über dem Falkner zu warten, „anzuwarten“. Diese Beizjagd kann in der Regel nur mit dem Vorstehhund ausgeübt werden, der das Wild anzeigt und auf Kommando des Falkners „hebt“.

Bei der Anwartefalknerei steht der Falke zunächst verkappt auf dem Handschuh oder der Trage des Falkners, während im Feld die Vorstehhunde – häufig werden Pointer oder Setter eingesetzt – nach Federwild suchen. Erst wenn sie fest vorstehen, wird der Falke entkappt, „geworfen“ und steigt in mehr oder weniger großen Ringen in Höhen bis zu 100 m und mehr. Hat er seine Position über dem Falkner erreicht, wird das Wild gehoben (vom Hund oder Falkner). In einem atemberaubenden Sturzflug, mit z. T. eng an dem Körper angelegten Schwingen, in aerodynamisch optimaler Gestalt, sich manchmal um die eigene Achse nach unten schraubend, stößt der Falke dann auf das fliegende Rebhuhn oder den abstreichenden Fasan. Ist der Falke viel schneller, schlägt er die Beute mit den Fängen nieder – oft ist dieser Schlag schon tödlich –, und er fängt die Geschwindigkeit durch hohes „Aufsteilen“ bzw. „Punkten“ ab. Ist er nicht bedeutend schneller, „bindet“ er die Beute, indem er sie unterfliegt und in einer Wendung bzw. Drehung von unten greift. Mit dem Flugwild „trudelt“ oder fliegt er dann zu Boden und nickt es dort ab. Diese Beizart wird von vielen Falknern als die Kunst der Falknerei schlechthin angesehen; denn in Vollendung kann sie nur praktiziert werden, wenn eine vollkommene Harmonie zwischen Hund, Falkner und Beizvogel existiert. Um diese Harmonie zu erreichen, muß der Beizfalke während der Saison fast täglich an Wild gebracht werden. Eine Bedingung, die nur sehr wenige in unserer arbeitsteiligen Gesellschaft erfüllen können.

Greifvogelzucht und Greifvogelmanagement

Als die Wanderfalkenpopulationen in weiten Teilen ihres Verbreitungsgebietes und hier insbesondere in Nordamerika, in Mittel- und Nordeuropa und vor allem in Deutschland während der Pestizidära in den 50er und 60er Jahren zusammenbrachen, glaubten Falkner des Deutschen Falkenordens (DFO), vor allem Prof. Dr. Christian Saar und Dr. Trommer, daß ohne spezielle Hilfsmaßnahmen die Rassenpopulationen dieser Art (u. a. die Wanderfalkenunterart *Falco peregrinus peregrinus)* in Deutschland nicht mehr überleben würden. Sie initiierten daraufhin ein Artenschutzprogramm, das heute – 30 Jahre später – als eines der erfolgreichsten wissenschaftlich durchgeführten Greifvogelprojekte im internationalen Artenschutz angesehen wird.

Die Ausgangssituation: Die gesamte Baumbrüter-Population in der Norddeutschen Tiefebene, in Polen, im Baltikum starb aus, ebenso alle Felsenbrüter der DDR. In der BRD blieben von ca. 400 Brutpaaren 50 übrig, und entsprechende Hiobsbotschaften gab es aus allen europäischen Nachbarstaaten. Auffällig war, daß der Niedergang allen bisherigen populationsdynamischen Kenntnissen widersprach.

Bereits Mitte der 50er Jahre erkannten Falkner das Problem, daß andere als die bisher vermuteten Gefährdungen (widerrechtliche Aushorstung, Vernichtung von Gelegen und Jungvögeln) die Wanderfalken beeinflussen müßten. Zwar wurde der Wanderfalke, trotz bestehenden gesetzlichen Schutzes, illegal verfolgt, doch das Ausbleiben von Jung- und Altvögeln in und an den Horsten mußte einfach andere Ursachen haben als direkte menschliche Eingriffe – das wurde allen Fachleuten deutlich. Wissenschaftler diskutierten viele Hypothesen, aber erst der Engländer Ratcliffe fand die eigentliche Ursache, die Pestizide. Dennoch gab es in den 60er und 70er Jahren biologische Laien, die beobachtet hatten, daß aus Wanderfalkenhorsten Jungvögel gewildert wurden und die monokausal daraus schlossen, daß eben diese Entnahme in Deutschland ursächlich für den Rückgang verantwortlich sei (auch einige auf dem Gebiet der Ornithologie arbeitende Wissenschaftler schlossen sich unverständlicherweise dieser Meinung an und behinderten dadurch in der Frühphase des intensiven Wanderfalkenschutzes effektive Managementmaßnahmen). Darüber hinaus gab es eine Gruppe, die diese Wildereien pauschal diskriminierend den Falknern zuordnete. Aus sachlichen Gründen war das unverständlich, denn es gab in Deutschland während des Pestizidcrash kaum eine Handvoll Falkner, die Wanderfalken flogen. Auch die simpelste Rechenaufgabe hätte beweisen können, daß hier andere Faktoren als Nestlingswildereien für die hohe Mortalitätsrate der Population ausschlaggebend waren: Wenn man bedacht hätte, daß die Fortpflanzungsrate des Wanderfalken 2,5 Jungvögel pro Paar und Jahr beträgt und wenn man aus rechnerischen Gründen vereinfacht ca. 600 Paare als „begrenzte Population“ innerhalb Deutschlands plus benachbarter Randgebiete angenommen hätte, dann wären am Jahresende ca. 1500 Jungfalken aus den Horsten geflogen. Zusammen mit den Elterntieren und einem immer vorhandenen Nichtbrüteranteil wären dann mindestens 3000 Individuen im Herbst eines jeden Jahres in Deutschland und Umgebung vorhanden gewesen. Wenn man weiter bedenkt, daß die Lebenserwartung der Art insgesamt sehr hoch ist (Höchstalter 17 Jahre nach Ergebnissen der Beringung), dann hätten jährlich Tausende von Wanderfalken systematisch – ohne auch nur ein Nest auszulassen – ausgehorstet werden müssen, um ein lokales, geschweige denn europaweites Beinahe-Aussterben zu verursachen. Da viele Greifvogel-Wissenschaftler auch Falkner sind, bzw. oft Falkner sich wissenschaftlich betätigten, hatten sie die entsprechenden Kontakte und vor allem das Wissen aus ihren langjährigen Beobachtungen, so daß schnell die eigentliche Ursache des weltweiten Zusammenbruchs erkannt und bekannt wurde (Pestizide). Leider weigerte sich ein Teil der Artenschützer, diese Erkenntnisse auch für Deutschland anzunehmen; möglicherweise konnten sie auch diese komplexen ökologischen Zusammenhänge über die Anreicherungen von Giften einer „neuen Generation“ in Nahrungsketten nicht verstehen, da hier das Erkennen von vernetzten biologischen Strukturen gefordert war, und so entwickelten sich, entsprechend der

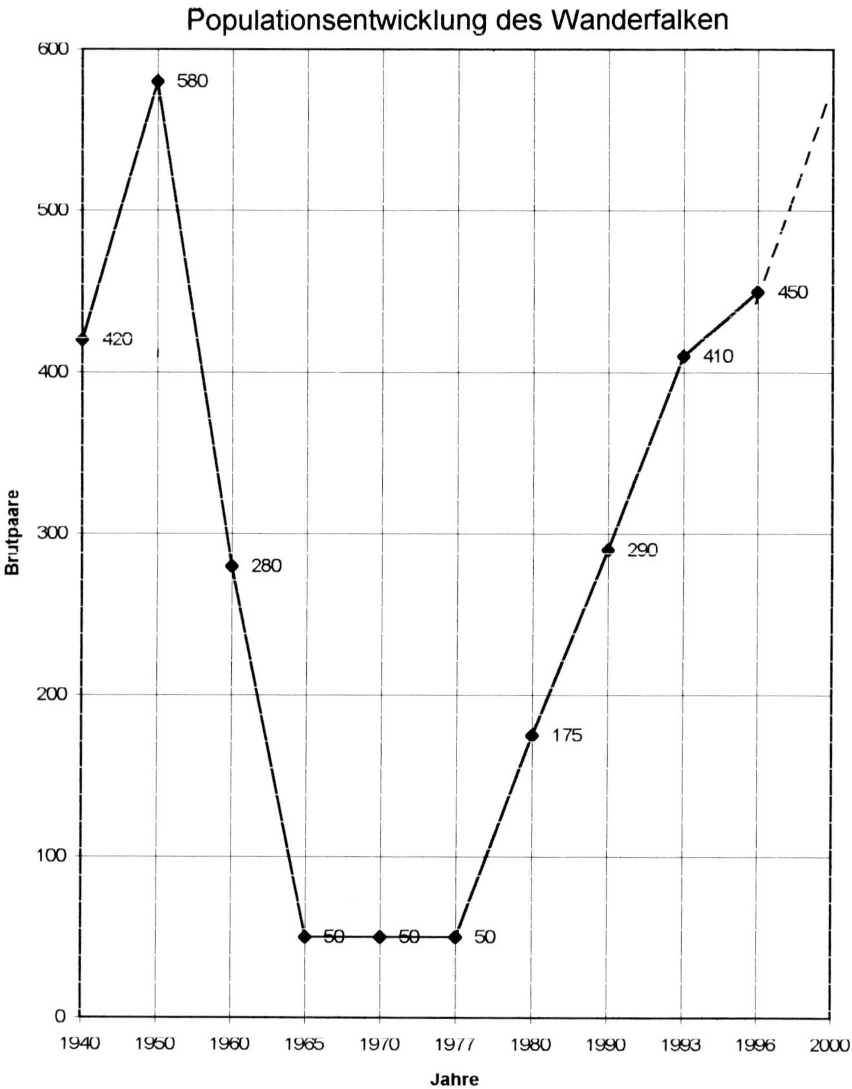

Dargestellt ist die Entwicklung der Wanderfalkenpopulation in Deutschland (abgerundete Werte). Deutlich ist der Zusammenbruch (Pestizid-Crash) während der Pestizid-Ära in den 50er bis 70er Jahren zu erkennen, die „Stabilisierung" durch die Bewachung der AGW auf äußerst kritischem Niveau (1965–1977) und der steile Anstieg nach dem Verbot von DDT und anderen chlorierten Kohlenwasserstoffen zu Beginn der 70er.

unterschiedlichen Auffassungen, zwei Strategien, den Wanderfalken zu retten.

Einig waren sich alle am Wanderfalken interessierten Gruppen, daß er lokal kurz vor dem Aussterben stünde, nur wie man ihm helfen könne, da trennten sich die Auffassungen: Falkner zogen aus den Erkenntnissen der Wissenschaft den Schluß, daß durch Vermehrung des Wanderfalken unter Haltebedingungen zunächst die Art bzw. Rasse an sich bewahrt werden müsse, um dann die Nachkommen anschließend wieder in verwaiste Biotope auswildern zu können. Sollten noch Populationsreste in der Natur vorhanden sein, wollte man diese durch die Auswilderung gezüchteter Exemplare unterstützen (nach Abklingen der Vergiftungen). Artenschützer, die eine Arbeitsgemeinschaft gründeten (AGW – Arbeitsgemeinschaft Wanderfalkenschutz e. V.) wählten aus den o. a. Gründen eine konservative Methode, da sie die wissenschaftlichen Befunde (Pestizidsyndrom) für Deutschland nicht gelten lassen wollten. Sie versuchten dementsprechend die Resthorste vor Plünderungen zu schützen. Während diese Schutzmethode keinerlei Kreativität – außer Personal und viel Geld – bedurfte, war die erste Methode eine große naturwissenschaftliche Herausforderung mit hohem Innovationspotential, die zur Entwicklung ganz neuer Fertigkeiten und Techniken zwang; denn die Zucht von Greifvögeln, und hier insbesondere die des Wanderfalken, galt im Prinzip als unmöglich (sieht man von einem Zufallserfolg – Renz Waller 1942/43 – einmal ab). Doch sollte man dann in Zukunft Wanderfalken züchten können, galt es nur, den seit Jahrhunderten von Falknern praktizierten Wildflug als eine Artenschutzmethode einzusetzen, unter gleichzeitiger Weiterentwicklung von einzelnen Techniken dieser Falknermethode.

So wurde aus dem über 4 000 Jahre alten Jagdhandwerk Falknerei eine präzise Wissenschaft, die jetzt mit modernsten Greifvogel-Management-Strategien an die alte Tradition des Greifvogelschutzes übergangslos anknüpfen konnte.

In der Rückschau und nur aus der heutigen Sicht der Dinge, da wir die Erholung der Wanderfalken – mit und ohne Schutzprogramme – europaweit beobachten können, könnte man nüchtern feststellen, daß beide Artenschutzstrategien für den allgemeinen Erhalt der Art (Rasse) an sich in Deutschland nur eine untergeordnete Rolle gespielt haben. Doch während sich die süddeutsche

Wanderfalkenpopulation nur sehr langsam, ja geradezu zäh, in verlassenen Biotopen ausbreitet, aufgrund des „patrophilen" Charakters des Wanderfalken (Jung- bzw. Altvögel zeigen erhebliche Revier- bzw. Brutplatztreue), haben die Auswilderungen zur Wiederbesiedlung weiter Räume Nord- und Mitteldeutschlands geführt (1996 mit ca. 70 (+) Paaren), Räume, die bis heute von der sich erholenden und ausbreitenden „Südpopulation" nicht besiedelt werden. In Nord- und Mitteldeutschland konnten Falkner Teile des Genpools der ausgestorbenen einheimischen (autochthonen) mitteleuropäischen Rasse erhalten und über ihre ausgewilderten Nachzuchten so angepaßtes „ursprüngliches" Genmaterial ausbringen, das ohne Zucht und Auswilderung, bei ausschließlicher Bewachung, nicht nur unwiderruflich verlorengegangen, sondern geradezu wissentlich „vernichtet" worden wäre. Trotz der Skepsis von anderer Seite konnten letztlich so in der Natur „ausgestorbene" Wanderfalken in die Post-Pestizidära, in eine neue Zukunft gerettet werden, denn die süddeutschen Wanderfalken sind keine norddeutschen, insbesondere keine Baumbrüter. Das durch die Auswilderung eingebrachte Genmaterial erhöht darüber hinaus die Genvariabilität des Genpools, minimiert den Inzuchtgrad der Restpopulation und steigert die Anpassungsfähigkeit der gesamten Wanderfalkenpopulation in Mitteleuropa.
Die Bewachung alleine brachte im Prinzip keinen neuen bedeutenden Artenschutzaspekt, wenngleich sie einige Beobachtungsergebnisse über das Verhalten einer Restpopulation des Wanderfalken in Deutschland lieferte. Ganz anders die wissenschaftlich begleiteten Programme der Falkner, die auf internationaler Ebene mit vielen Wissenschaftlern/Falknern zusammenarbeiteten, um das globale Problem des Wanderfalken bzw. der Greifvögel und Pestizide zu lösen. Die experimentell gefundenen Zucht- und Auswilderungstechniken waren bzw. sind hoch innovativ, und sie haben nicht nur dem Wanderfalken, sondern vielen anderen Greifvogelarten, die unter Umweltbelastungen und Habitatverlusten leiden, geholfen bzw. helfen ihnen noch. Da diese modernen Artenschutzmaßnahmen einen allgemeingültigen Charakter besitzen, ermöglichen sie die Durchführung weltweiter Artenschutz-Management-Programme, die allen bedrohten Greifvögeln momentan und auch in Zukunft helfen. In über 20 internationalen Greifvogelschutzprojekten finden die von Falknern entwickelten Methoden heute ihre Anwendung.

Zuchtbedingungen

Voraussetzung für eine erfolgreiche Greifvogelzucht, sieht man von der künstlichen Besamung einmal ab, ist ein harmonisierendes Paar unter streßfreien Haltebedingungen.

Zuchttiere

Bei der Wahl des Zuchtmaterials ist die Aufzucht der zukünftigen Elterntiere von größter Bedeutung; denn neben angeborenem Verhalten spielt die Prägung, ein nicht umkehrbarer Lernprozeß, der nur während bestimmter Zeitabschnitte der Individualentwicklung stattfindet, eine entscheidende Rolle. Von den verschiedenen Prägungsformen ist für die Zucht nur die sexuelle Prägung von Bedeutung, die bei Zucht-Vögeln für Naturbruten als Prägung auf Partner der eigenen Art stattgefunden haben muß; denn Greifvögel „lernen" erst durch die Aufzucht über ihre Eltern das Aussehen ihres zukünftigen Geschlechtspartners kennen, diese Kenntnisse sind nicht angeboren. In der Wildbahn sind Prägungsvorgänge im Prinzip kein Problem, da ja die arteigenen Eltern die Nestlinge aufziehen. Wenn aber alle Falken aus der Zucht stammen, können durch die Aufzucht, z. B. bei Handaufzucht, Fehlentwicklungen eintreten. Zur Vermeidung von sexueller Fremdprägung sollten Falken deshalb von Elterntieren aufgezogen werden und bis zu einem Alter, das unter Wildtierbedingungen dem „Selbständigwerden" entspricht, zusammenbleiben. Die aus technischen Gründen praktizierte Handaufzucht durch den Menschen, mit anschließender „Naturaufzucht" durch arteigene Eltern, kann schon zu einer sexuellen „Doppelprägung" (Mensch/Greifvogel = Geschlechtspartner) führen. Werden derartige Vögel falknerisch geflogen und bis zur Geschlechtsreife in einem engen Kontakt zum Menschen gehalten, kann es sogar zu einer vollständigen Fixierung auf den Menschen kommen. Bei der Doppelprägung kann es sich aber auch um eine „Elternprägung" auf den Menschen einerseits und eine „Sexualpartnerprägung" auf die eigene Art andererseits handeln; denn die Phasen der stärksten Prägbarkeit liegen bei der Elternprägung (1) vor der Sexualpartnerprägungsphase (2) (1 = ca. zweites Dunenkleid; 2 = Ästlingsstadium bis Trockenwerden). Um Fremdprägungen zu vermeiden, aber dennoch sehr vertraute Vögel auch gleichzeitig für die Falknerei zu erhalten, kann man auch die Nestlinge durch Ammen, d. h. auf Menschen sexuell fremdgeprägte Falken, oder in

Gruppen (Geschwisterprägung) aufziehen, bei gleichzeitiger Anwesenheit des Menschen. Dabei sollte aber gewährleistet sein, daß der Mensch nicht mit Futtergaben in Verbindung gebracht wird. Während Falken ohne Probleme bis hin zur Selbständigkeit bei den Eltern in „geschlossenen" Zuchtvolieren bleiben können – auch wenn sie später falknerisch abgetragen werden sollen – müssen Habichte bei Elternaufzucht im Alter von ca. 3 Wochen aus der Zuchtanlage in eine Voliere verbracht werden, die ihnen eine freie Sicht nach außen auf die Umwelt erlaubt. Ein Aufwachsen in der reizarmen Zuchtkammer führt zu Verhaltensänderungen, die eine Zucht und auch falknerische Haltung fast ausschließen. Wichtig ist bei Habichten, daß sie dann in Gruppen sozial (Geschwisterprägung) aufgezogen werden, wobei eine Elternprägung auf den Menschen durch ungeschickte Futtergaben (Jungvögel lernen es, den Menschen als Nahrungsspender aufzufassen) nicht immer zu vermeiden ist.
Ferner haben sich abgetragene Greifvögel für die Zucht als besonders geeignet erwiesen, da sie unempfindlicher auf akustische und optische Störungen in den Zuchtvolieren reagieren. Darüber hinaus scheint die Brutreife bei Greifvögeln unter Haltebedingungen manchmal etwas später einzutreten als in der Wildbahn.
Die von mir angegebenen Bedingungen sind sehr vereinfacht dargestellt, in Wirklichkeit sind sie bedeutend komplizierter und müssen differenzierter betrachtet werden, und letztlich spielen auch bei Greifvögeln Sympathien und Antipathien der Geschlechter zueinander eine Rolle, soll die Zucht erfolgreich verlaufen. Für den Züchter ist es nun wichtig zu erkennen, ob die Vögel in bezug auf bestimmte Reaktionen fremdgeprägt sind, so daß eine natürliche Vermehrung nicht möglich ist, oder ob das Paar nur einfach nicht harmoniert, ansonsten sich aber artspezifisch verhält. Entsprechend muß er die Ausdrucksbewegungen genauestens kennen und verstehen, an wen sie adressiert sind. Falkner kennen in der Regel die Verhaltensweisen ihrer Beizvögel ganz genau, so konnten sie diese bei den ersten Zuchtversuchen entsprechend richtig interpretieren und damit in wenigen Jahren Greifvögel unter Haltebedingungen erfolgreich vermehren. Verständlich ist, daß falknerische Laien die Nachzuchten noch Jahre später zum Teil nicht glauben konnten oder manchmal auch nicht wahrhaben wollten.

Greifvögel, die ihr Sexualverhalten auf den Menschen richten, sind in der Regel fremdgeprägt und für die Zucht selten zu gebrauchen; Vögel die „nur" manteln, d. h. die Beute vor dem Falkner abschirmen und ihn anlahnen, brauchen nur einer „Eltern- und/oder Geschwisterfremdprägung" unterworfen gewesen zu sein und können für die „Natur-Zucht" durchaus noch geeignet sein. Individuen, die auf unterschiedliche Prägungsobjekte festgelegt sind, werden oft bei Habichten beobachtet, bedingt durch die Gruppenaufzucht mit der Hand beim Falkner. Gegenüber dem Menschen sind diese Vögel vertraut (Mensch = Elterntier), in den Zuchtkammern balzen sie jedoch den arteigenen Partner an (Geschwisterprägung ± Partnerprägung).

Erst bei den Zuchtversuchen der Falkner wurden die unterschiedlichen Prägungsphasen für die verschiedenen Reaktionen und Objekte in der Individualentwicklung von Greifvögeln entdeckt und damit Bedingungen erarbeitet, daß die vom Aussterben bedrohten Greifvögel nicht in Artenschutzprojekten nur gezüchtet, sondern auch artspezifisch ohne Fremdprägung aufgezogen werden können (für die Auswilderung von Bedeutung, s. im entsprechenden Abschnitt).

Volieren

Greifvögel brauchen keine naturidentischen Volieren (Bäume, Sträucher, Felswände) von großen Ausmaßen, die ein ungehindertes Fliegen erlauben – eine Laienvorstellung. Ihr Verhalten wird durch einfache Reiz-Reaktions-Mechanismen gesteuert. Wesentlich ist, daß sie in einer streßfreien Umgebung einen sicheren Nistplatz, frisches Wasser, qualitativ hochwertiges Futter in ausreichender Menge und 2 bis 3 Aufblockmöglichkeiten geboten bekommen. Die Streßfreiheit wird durch Volieren erreicht, die rundum geschlossen und bis zu ⅓ überdacht sind. Die restliche „Dachöffnung" ist mit kunstoffummanteltem Maschendraht versehen. Atzung und Wasser werden von außen durch Schläuche und Rohre, ohne daß die Voliere betreten werden muß, gereicht. Innen ist die Zuchtkammer entsprechend mit den o. a. Utensilien sehr sparsam „möbliert". Die Zuchtvögel sind so optisch isoliert und sehen „nur" den Himmel. Da sie aber besonders auf visuelle und nur bedingt auf akustische Störreize mit Streß reagieren, sind sie in diesen geschlossenen „Boxen" entspannt, denn sie sehen nicht, was in ihrer Umgebung passiert, und die zu ihnen dringenden Laute beeinflussen sie nicht oder kaum. Die Entwicklung dieser Kammern war der Schlüssel des Erfolges, denn Streß verhinderte in den „schönen, großen, offenen" Volieren die Eizellen- und Samenzellenreifung, weil jedes optische Ereignis bei ihnen Angst, d. h. Streß auslöste.

Die Art der Anordnung der Utensilien ist im Prinzip so wie in einer Mauserkammer. Dieser absolut minimalisierte Volierentyp, der besonders für empfindliche Arten geeignet ist (bedingt auch für abgetragene Wildfänge), wurde von dem Falkner Dr. Hurrel entwickelt und wird als „Skylight and Seclusion Pen" bezeichnet. Im Gegensatz zu den Habichtabteilen scheinen bei Falkenzuchtkammern kleine mit Trallien versehene Fenster an der Oberkante der Voliere – in einer ruhigen Umgebung – der Mentalität der Falken entgegenzukommen und sich z. T. positiv auf die Zucht auszuwirken. In der Regel sind abgetragene Beizvögel besser für die Zucht geeignet, da sie an optische und akustische Reize der Umwelt gewöhnt sind und sich entsprechend vertrauter verhalten (entwickeln keinen Streß).

Habichtzuchtvolieren weisen eine Besonderheit auf, die in dem Verhalten der Vögel während des Balzzyklus begründet ist. Sie bestehen aus zwei getrennten Kammern, die durch ein Fester, das mit einem verschiebbaren Trenngitter versehen ist, verbunden sind. Terzel und Weibchen werden außerhalb der Balzzeit in der Regel getrennt gehalten und nur kurz vor bzw. während der Hochbalz zusammengeführt. Erst wenn beide Partner ein Nest gebaut haben, der Terzel dem Weibchen Beute zutragen will und spezifische Laute, insbesondere vom Weibchen, geäußert werden, darf man die Vögel zusammenstellen. Die Entscheidung des „Zusammenführens" ist das eigentliche Problem der Habichtzucht. Nur wer das Balzverhalten bzw. die Balzphasen genau kennt, ist in der Lage erfolgreich zu züchten; denn sind die Vögel nicht in einer synchronen Balzstimmung, kann es vorkommen, daß das größere Weibchen das kleinere Männchen tötet. Wird aber die Technik der Anpaarung beherrscht, ist es möglich, einen Terzel gleichzeitig mit zwei Weibchen, die in benachbarten Zuchtkammern untergebracht sind, „abwechselnd" zu verpaaren.

Paarsynchronisation

Entscheidend für die Ablage befruchteter Eier ist die Synchronisation des Balzgeschehens der Paare. Nur wenn der Balzrhythmus der Geschlechter aufeinander abgestimmt ist, kommt es zu Kopulation und Eiablage. Beeinflußt wird der Zeitpunkt der Balz z. T. durch angeborene Zeitgeber (innerer Jahresrhythmus), die aber durch Tageslängenänderungen (Photoperiodik) gesteuert werden. Stellt man Vögel zusammen, sollten sie bereits im Herbst der gleichen Photoperiodik ausgesetzt gewesen sein und möglichst auch dieselbe geographische Herkunft aufweisen. Paare können durch häufigere, kleinere Atzungsgaben stimuliert werden, da der Terzel dadurch gezwungen wird, die Zeremonie der Beuteübergabe wiederholt auszuführen, eine Verhaltensweise, die die Übereinstimmung der Geschlechter fördern kann; denn Beuteübergaben hemmen die innerartliche Aggression des Weibchens und erlauben dem Terzel ein Unterschreiten ihrer Individualdistanz, ein Vorgang, der außerhalb der Balz tödlich für ihn verlaufen kann. Das „Eindringen“ in den Individualbereich ist aber eine Voraussetzung für die Begattung.

Brut

Mittelgroße Greifvögel legen im Abstand von 2 bis 3 Tagen (Großfalken 2 Tage, Habicht 3 Tage) 4 bis 5 (6) Eier, die in der Regel vom vorletzten Ei an bebrütet werden. Von erfahrenen Paaren kann man problemlos die Eier ausbrüten (Naturbrut) und die Jungvögel selbst aufziehen lassen. Bei neu zusammengestellten und jungen Paaren entfernt man als Vorsichtsmaßnahme die Eier. Wird künstlich besamt oder mehr als ein Gelege erzeugt, werden die Eier entfernt und in der Brutmaschine künstlich erbrütet (Kunstbrut).

Naturbrut

Die ersten gelegten Eier werden nur kurzfristig vom Greifvogel-Weibchen gewärmt – wenn überhaupt, dann oft nachts –, aber des öfteren gewendet. Tage vor der Eiablage verliert das Weibchen Bauch- und Brustgefieder (hauptsächlich Dunen), und wenn es intensiv zu brüten beginnt, weist es einen sog. Brutfleck auf. Das sind stark durchblutete nackte Hautpartien der Brustmuskulatur und des Bauches, die bei der Brut die Eier direkt berühren und für eine optimale Wärmeübertragung vom Vogel auf die Eier sorgen. Ein „Kranz“ aus etwas längeren Federn umgibt den Brutfleck und bildet eine Bruttasche, in der sich die Eier, isoliert gegen die Außentemperatur, befinden. Die Männchen, die nach Beuteübergaben das Gelege auch kurzfristig bedecken, besitzen keine Brutflecken. Sind die Jungen geschlüpft, wachsen beim Weibchen auf den nackten Hautpartien wieder neue Federn. Als Brutamme können auch Tauben, Hühner und Enten – je nach Größe der Eier bzw. Greifvogelart – eingesetzt werden, doch ist zu bedenken, daß diese Vögel eine kürzere Brutzeit aufweisen, so daß zwei oder mehr Ammen zur Verfügung stehen müssen.

Kunstbrut

Da die Naturbrut unter Haltebedingungen nicht immer sicher ist – unruhige und junge unerfahrene Paare können Eier beschädigen, brüten nicht immer konsequent –, können Greifvogeleier auch künstlich erbrütet werden.

Eizahlvermehrung

In der Natur ersetzen Greifvögel das Gelege, wenn es durch Raubfeinde, Absturz des Horstes u. a. verlorengegangen ist. Dieses biologische Phänomen war schon im vorigen Jahrhundert Eiersammlern bekannt, wenngleich ein Zweitgelege nur dann zu beobachten war, wenn das erste in der Frühphase der Brut zerstört oder ausgenommen wurde. Diese natürlichen Gegebenheiten haben Falkner wissenschaftlich genau untersucht, und heute kennt man die genauen Zeitintervalle, in denen ein Gelege entfernt werden kann, damit noch eine zweite (z. T. auch dritte) Balz und Eiablage stattfinden kann.

In der Regel wird das Vollgelege 5 bis 8 Tage unter dem Falken gelassen, ehe es entfernt wird. Bei kleinen bis mittelgroßen Greifvögeln (Baumfalken, Wanderfalken, Habichten) wird dann oft exakt nach 14 Tagen erneut gelegt.

Diese Technik hilft die Jungenzahl deutlich zu erhöhen und wird als „double-clutching“ bezeichnet (v. engl. double = doppelt; clutch = Gelege).

Eine andere Methode zur Steigerung der Legeleistung ist das sog. „egg-pulling“ (von engl. egg = Ei; pull = ziehen). Dabei werden dem Horst sukzessiv sofort alle Eier entnommen. Über 20 Eier können so von einem Falken gewonnen werden. Beide Techniken haben ihre Vor- und Nachteile, auch können beide kombiniert angewandt werden. Voraussetzung ist aber immer, daß die Kunstbrut möglich ist und beherrscht wird.

Brutklima, Brut und Schlupf

Ohne auf die vielen Details des Brutklimas in der Brutmaschine einzugehen (dazu gibt es eine Fülle von Spezialliteratur), kann man sagen, daß die Techniken der Kunstbrut heute beherrscht werden und die Ausschlupfraten zwischen 90 und 100 % liegen.

Greifvogeleier werden im Durchschnitt bei einer Temperatur von 37,2 °C bebrütet. Das in den Anfängen der Greifvogelzucht praktizierte Auskühlenlassen der Eier, wobei die gesamte Eilade für eine Zeit aus dem Brüter genommen wurde, hat sich als unnötig erwiesen und soll sogar die bakterielle Infektionsgefahr erhöhen, da durch das Abkühlen das innere Volumen verkleinert wird und so Keime, die auf der Schale sitzen, „eingesogen" werden können.

Unerläßlich ist das Wenden der Eier zum Nährstoffaustausch zwischen Embryo und Dotterkugel. Mittelgroße Greifvögel in der Natur wenden ca. alle 15 Minuten die Eier um 50 bis 60° und manchmal sogar bis zu 180°. Doch in der Regel werden die Eier in kleinen Rollbewegungen gewendet. In der Brutmaschine genügt ein ca. dreistündliches Wenden, das erst kurz vor dem Schlupf eingestellt wird.

Zur relativen Luftfeuchte im Brüter gehen die Meinungen auseinander, wenngleich der scheinbare Unterschied z. T. durch die unterschiedlichen Brütertypen bedingt ist. Gebrütet wird deshalb zwischen 20 und 50 % relativer Feuchte. Entscheidend für den erfolgreichen Schlupf ist die Gewichtsabnahme während der Embryonalentwicklung. Greifvogeleier müssen, wenn das Frischgewicht zu Grunde gelegt wird, mindestens 15 % an Gewicht bis zum Anpicken verlieren (über 18 % wird es kritisch).

Die Abnahme beruht auf Verdunstung und Stoffwechsel (ein junger Embryo besteht aus 90 bis 92 %, ein alter aus 60 % Wasser) und die Abnahme ist linear. Da Eischalen unterschiedlich stark die Verdunstung beeinflussen können („dicke" geben wenig Wasser, „dünne" viel), wird bei der Kunstbrut u. a. über die relative Luftfeuchte – durch Erhöhen oder Senken – der Gewichtsverlust gesteuert – falls notwendig.

Um festzustellen, ob die Eier befruchtet sind, werden sie mit einer „Schierlampe" durchleuchtet. Bei gering pigmentierten Eiern kann man schon nach 3 bis 5 Tagen feststellen, ob die Eier befruchtet sind. Bei befruchteten Eiern vergrößert sich dann allmählich die Luftkammer und gibt dem erfahrenen Züchter den Entwicklungszustand an.

Die Brutdauer ist von Art zu Art verschieden. Gut ein bis zwei Tage (36 bis 48 Stunden) vor dem Schlupf pickt das Küken das Ei an, und die ersten Stimmfühlungslaute sind zu hören. Der Schlupfvorgang selbst dauert, wenn er einmal durch Aufbrechen der Eischale mit dem Eizahn begonnen hat, nur eine kurze Zeit. Manche Züchter legen die angepickten Eier in einen speziellen „Schlüpfer“ mit minimal erhöhter Temperatur (+0,5 °C).

Schlüpfen Küken nach dem Anpicken in weniger als 20 Stunden oder versuchen sie erst nach Tagen aus dem Ei zu kommen, dann ist oft während der Embryonalentwicklung das Brutklima nicht richtig eingestellt, oder das Ei selbst ist nicht intakt gewesen. Unter gewissen Bedingungen kann dem Küken dann noch geholfen werden (Öffnen der Eischale, Vergrößern des Anpickfensters, Erhöhen der Luftfeuchte u. a.).

Jungvogelaufzucht

Stehen keine arteigenen Eltern oder Ammen für die Aufzucht zur Verfügung – beim double-clutching können nach Entnahme des Zweitgeleges und entsprechender Terminierung oft die Jungvögel des Erstgeleges den Eltern untergeschoben werden –, müssen die Jungvögel in einer Wärmeschale untergebracht werden, da sie in den ersten Tagen nicht in der Lage sind, ihre Körpertemperatur aufrecht zu erhalten. Die Küken reagieren sehr sensibel auf Temperaturunterschiede, und an ihrem Verhalten kann man erkennen, inwieweit die richtigen Bedingungen eingehalten sind. Sind sie zu kalt, geben sie „Streßlaute“ von sich und bilden eng aneinandergeschmiegt eine „Kältepyramide“, bei zu hohen Temperaturen liegen sie mit weit ausgestreckten Beinen weit voneinander entfernt. Infrarotstrahler sind nur bedingt geeignet, Bodenheizungen haben sich bewährt.

Während der ersten zwei Tage „verdauen“ die Küken noch den restlichen Dottersack und brauchen nur wenig zusätzliche Nahrung, und wenn, feines Muskelfleisch von Wachteln, Vogelherz, -leber oder Kleinvögeln. Vom dritten, vierten Tag an kann man neben Muskelfleisch „Gehacktes“ aus ganzen Vögeln (ohne gewöllbildende Stoffe) drei- bis viermal am Tag füttern. Vom 5. bis

7. Tag an sollte man sie am besten den Eltern, die bis dahin vielleicht auf Eiattrappen gebrütet haben, zusetzen, um Fremdprägungen zu vermeiden.

Künstliche Besamung

Die Methode der künstlichen Besamung bei Greifvögeln ist aus einer Notsituation heraus entstanden. Als die Wanderfalkenbestände zusammenbrachen, hatten Falkner „nur" Beizvögel, die in bezug auf das Sexualverhalten auf den Menschen geprägt waren. Sie waren deshalb für die natürliche Vermehrung nicht geeignet. Warum sollten sie auch? Falkner waren Beizjäger und keine Greifvogelhalter, geschweige denn Züchter, die Vögel oder andere Tiere besaßen und vermehrten, um sich „nur" an ihrem Aussehen oder Gesang zu erfreuen. Falkner sehen im Prinzip „nur" die „funktionelle Schönheit" der Greifvögel, die sie in Vollendung ausschließlich durch ihren Jagdflug zeigen können. Aus diesem Grunde ließen Falkner oft Greifvögel, insbesondere Wildfänge, nach der Beizsaison im Frühjahr wieder fliegen, und erst im Herbst fingen sie sich wieder einen jungen Habicht oder Falken. Doch neben den Wildfängen wurden auch Nestlinge abgetragen, die in der Regel durchgemausert wurden. Einige dieser Weibchen legten regelmäßig Eier, da der Falkner, bedingt durch die Aufzucht, für sie der adäquate Partner war, der die Eiablage auslöste. Tiermediziner wie Dr. Bayerbach, Prof. Dr. Saar und Dr. Gerriets erkannten das Problem, und sie entwickelten, parallel zu anderen Wissenschaftlern, die Methode der künstlichen Besamung, die aus der Tierzucht durchaus bekannt war, zu einer auf Greifvögel anwendbaren Technik.

Bei der industriellen Geflügelhaltung müssen die Tiere für die Besamung in die Hand genommen werden. Für Greifvögel kann dies bei unsachgemäßer Handhabung unangenehm sein. Die eleganteste Methode, die mit dem geringsten Streß – wenn überhaupt – verbunden ist, besteht darin, Greifvögel bewußt sexuell auf den Menschen zu prägen, so daß die Männchen freiwillig Sperma abgeben und die Weibchen gegenüber dem Menschen Kopulationsaufforderungen machen; denn dann können die Spermien dem Weibchen ohne Probleme in die Kloake gegeben werden. Zwar ist die Methode „relativ" einfach in der Ausführung, da man vor allem den genauen Besamungstermin bestimmen kann – durch Abtasten des Weibchenbauches kann man das sich entwickelnde Ei ertasten und so den Legetermin erfahren – doch die Befruchtungsrate ist bei der Kloakenbesamung relativ gering.

Erfolgreicher ist die Eileiterbesamung, die auch bei nicht fremdgeprägten Greifvögeln durchgeführt werden kann. Hierbei wird mit einem speziellen Instrument (Spekulum) die Kloake geöffnet, die Eileiteröffnung vorgelagert und in sie das Sperma gegeben. Der gesamte Vorgang dauert bei Erfahrung kaum eine Minute, doch müssen die Vögel aus den Volieren herausgefangen und für eine kurze Dauer fixiert werden. Ein Umstand, der für Mensch und Tier etwas Streß verursacht. Aber die Befruchtungschancen sind gut. In der Regel sollte ca. 50 bis 52 Stunden vor Eiablage besamt werden.

Das Wanderfalken-Management-Projekt

Wie bereits erwähnt, führte der DFO ein gezieltes Artenschutzprogramm am Wanderfalken durch und unterstützte auch Managementmaßnahmen am Seeadler in Deutschland und Böhmen. Gut 15 Jahre nach Beginn dieser erfolgreichen Rettungs- bzw. Unterstützungsaktion am Wanderfalken liegen eine Fülle von Ergebnissen vor, Ergebnisse, die alle Voraussagen weit übertroffen haben. Mindestens 70 (+) Wanderfalkenpaare sind in verwaisten Biotopen angesiedelt worden, und der erste Baumbrüter „aus Menschenhand" zieht wieder Jungvögel in Mitteldeutschland auf. Die von seiten einiger Ornithologen allgemein aufgestellte Aussage: „Die erfolgreiche Wiedereinbürgerung einer Art ist unendlich viel schwieriger und teurer als der konsequente Schutz von Restpopulationen" (Kostrzewa & Speer 1995), mag für einige Wiedereinbürgerungen gelten, aber nicht für das Wanderfalken-Projekt des DFO in Deutschland, das lokal auch mit Naturschutzorganisationen durchgeführt wurde. Zwar bedurfte es der Entwicklung der Zuchtbedingungen an sich, doch diese wurden von Falknern auf rein privater Basis als „Hobby" und an der FU Berlin unter der Leitung von Prof. Dr. Saar durchgeführt. Die Methode der Auswilderung und zum Teil deren Techniken waren im Prinzip altbekanntes, tradiertes Falknerhandwerk, das von Fachleuten durchgeführt werden konnte und nicht erst entwickelt werden mußte. Entsprechend waren die Auswilderungsraten – Junge pro Horst und Jahr – gleich den Ausflugsraten der Wanderfalkennestlinge unter natürlichen Bedingungen, wenn nur die ausgewilderten Jungvögel berücksichtigt werden. Doch rechnerisch und absolut übertraf die Zahl der ausgeflogenen Jungen pro Jahr und Paar bei weitem die natürliche Rate, da von den Zuchtpaaren mit Hilfe der beschriebenen Eizahlvermehrungstechnik mehr Jungvögel pro Paar als in der Natur erzeugt wurden bzw. werden und so eine größere Zahl ausfliegen konnte. Entsprechend hoch war deshalb auch die Gesamteffektivität bzw. -bilanz (s. Grafik im Abschnitt „Ergebnisse").

Vollkommen unberücksichtigt in der Aussage von Kostrzewa und Speer wird aber die Bedeutung für die Populationsgenetik, wenn, wie im DFO-Projekt, autochthones Genmaterial gerettet und wieder in eine sich ausbreitende Restpopulation eingebracht wird, die nur einen Teil des ursprünglichen Genpools besitzt; denn diese „Überlebenden" waren zwangsläufig für Jahre nach dem Pestizidcrash quasi genetisch von entfernten Nachbarpopulationen über Jahre isoliert, so daß der Genfluß erheblich eingeschränkt war – wenn überhaupt vorhanden. Die Auswilderungen von Nachkommen ursprünglich beheimateter Individuen erhöhte deshalb nicht nur wieder die genetische Variabilität der süddeutschen Wanderfalkenbestände als Voraussetzung einer zukünftigen Anpassungsfähigkeit dieser Art, sondern lieferten wertvolle, angepaßte Merkmalsträger aus Biotopen, in denen der Wanderfalke in den 70er Jahren ausstarb. Dieser bedeutende „biologische Wert" für eine Population als Teil der Schöpfung konnte nur durch die Zucht und Auswilderung vor der endgültigen Auslöschung bewahrt werden.

Auswilderungsmethoden

Die von Falknern entwickelten Methoden zur Wiedereinbürgerung von Greifvogelarten finden heute in Artenschutzprogrammen eine weltweite Anwendung. Dabei muß man unterscheiden, ob adulte Vögel – oft nach Rehabilitation – oder Jungvögel, meistens Nestlinge, ausgewildert werden.

Auswilderung adulter Greifvögel

Verletzte oder krank in Menschenhand gelangte Greifvögel dürfen nur, wenn sie vollständig wieder hergestellt sind, freigelassen werden. Diesen Zustand zu beurteilen ist nicht immer einfach.

Zwar gibt es spezielle, von Tiermedizinern, deren Hobby die Falknerei ist, entwickelte Trainingsprogramme und Diagnoseverfahren, doch ein sichereres Verfahren, einen Vogel wieder auf die Natur einzustellen, ist es, ihn nach seiner Genesung falknerisch abzutragen und zu fliegen. Die Beize erlaubt dann eine Entscheidung. Kurz abgetragene „Beizvögel" verwildern nach dem Freilassen sehr schnell und sind wieder vollwertige Glieder der Population.

Ist das Gefieder stark beschädigt (abgebrochene Federn), müssen sie vorher kunstgerecht geschiftet werden, oder ist dies nicht möglich, muß der Vogel erst durchmausern, bevor er freigelassen wird.

Aus biologischer Sicht ist die Auswilderung rehabilitierter Tiere für die Population nur von geringer oder keiner Bedeutung, insbesondere, wenn es sich um kleine und häufige Arten und noch um Jungvögel handelt. Anders muß die Situation bei großen, seltenen bis bedrohten und langlebigen Arten beurteilt werden, wo der Verlust eines reproduzierfähigen Vogels schon die Populationssituation beeinflussen könnte. Auswilderungen in intakte Bestände stören sogar die lokalen Verhältnisse durch Erhöhung der Konkurrenz (um Nahrung, Revier, Partner u. a.). Dennoch sind wir ethisch verpflichtet zu helfen, und das Pflegen kranker Tiere bis zur Gesundung und Auswilderung hat einen hohen umweltpädagogischen Wert.

Auswilderung von Nestlingen

Im Prinzip wendet man in Greifvogel-Management-Programmen zwei Methoden an: 1. den Wildflug (engl. hacking) und 2. das Adoptionsverfahren (engl. fostering). Zu 1: Der Wildflug ist eine in der Falknerei praktizierte Technik, bei der die Jungvögel ohne Elterntiere in einen Kunsthorst (Baumhorst) oder Auswilderungskasten (Felsen, Gebäude) eingesetzt und dort bis zum Selbständigwerden gefüttert werden. Die Nestlinge werden in der Regel „indirekt" über Rohre oder m. H. von „Futteraufzügen" versorgt, ohne Kontakt zum Menschen. Eine „Untermethode" ist hier der Wildflug, bei dem die Vögel gegenüber dem Menschen am Auswilderungsort vertraut bleiben, indem sie von ihm gefüttert werden (engl. tame-hacking). Zu 2: Beim Adoptionsverfahren werden die Jungvögel entweder in die Horste von arteigenen

Greifvogelmanagement: Auswilderung durch Adoption – hier zieht ein Habicht Wanderfalken auf.

Geschwistern und Eltern (Wanderfalken zu Wanderfalken – intraspezifische Adoption) oder zu artfremden Elterntieren unter Entnahme der ursprünglichen Jungvögel (Wanderfalken zu Habichten, Bussarden, Turmfalken) eingesetzt. Alle diese Verfahren haben Vor- und Nachteile, doch welche Methode mit der entsprechenden Technik schließlich durchgeführt wird, hängt von der lokalen Situation und den Intentionen ab. In verwaisten Biotopen wildert man die Vögel möglichst in den „ursprünglichen" Habitaten mit der Wildflugmethode aus; zur Unterstützung von Restpopulationen wendet man die Ammenaufzucht bei arteigenen Eltern an (Wanderfalke, Seeadler). Einen Sonderfall stellt der Wiederaufbau der ausgestorbenen Wanderfalken-Baumbrüterpopulation dar. Hierbei stellt sich die grundsätzliche Frage – die allerdings rein akademischer Natur ist, da keine Nachkommen mehr in der Natur existieren: „War das Brüten des Wanderfalken in Baumhorsten genetisch oder durch Prägungsvorgänge bedingt?" Jedenfalls waren in der gegebenen Situation die einzig möglichen Verfahrensweisen entweder der Wildflug aus „nachgeahmten" Greifvogelhorsten oder die Ammenaufzucht durch artfremde, in Baumhorsten brütende Greifvögel.

Ergebnisse

Von 1977 bis 1994 wurden im Rahmen des Wanderfalken-Artenschutz-Programmes insgesamt 680 Wanderfalken *Falco peregrinus peregrinus* ausgewildert (s. Tab.). 1995 wurden ca. 50 Ex. dem Programm zugeführt – genaue Zahlen liegen noch nicht vor –, so daß einschließlich 1995 ca. 730 Jungvögel aus der Zucht in die Natur (Deutschland und Polen) entlassen wurden. Die Auswertung (s. Grafik) zeigt den typischen Verlauf einer Besiedlung (intraspezifisch) konkurrenzfreier Räume durch eine Art: Nach einer Verzögerungsphase ist seit 1984 eine „exponentielle" Wachstumsphase zu beobachten. Insgesamt haben ca. 70 (+) Wanderfalkenbrutpaare ehemals verwaiste Gebiete wiederbesiedelt, die direkt oder indirekt – über die Generationenfolge angesiedelter Vögel – aus dem Wanderfalken-Programm des DFO stammen. Natürlich wird es immer schwerer, die exakte Herkunft zu bestimmen, da nicht alle Wanderfalken in Deutschland gekennzeichnet werden können; doch aufgrund von Kenn- und Farbringberingungen und bekanntem Ansiedlungsverhalten (u. a. bei isolierten Populationen: Harz, Thüringen, Nordsee, z. T. NRW und genauestens dokumentiert Hessen) ist eine Zuordnung in der Regel möglich.

Die Wiederbesiedlung zeigt deutliche Populationsinseln und isolierte Bruten, die als Kondensationskerne und Brückenköpfe bzw. Trittsteine dienen. Dabei findet eine „Rückwärtsbesiedlung" ehemaliger, verlassener Horstplätze statt: Die zuletzt während der Pestizidära verwaisten, optimalen Horsthabitate, „Alpha-Plätze", werden als erstes wieder bezogen. Der letzte im Harz bis 1973 beflogene Nistplatz wurde 1980/81 wieder angenommen, und ein in Thüringen bis 1968 besetzter wurde 1984/85 wieder beflogen. D. h., die Auswilderungen haben gezeigt, daß von der häufig

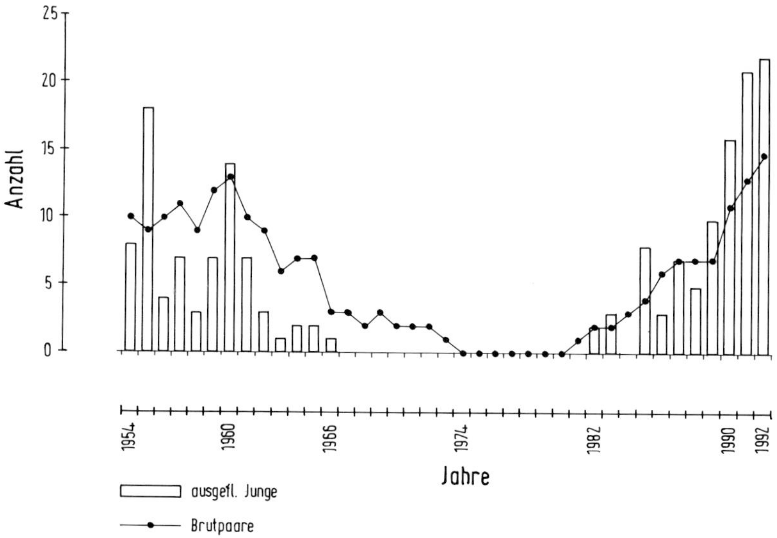

Dargestellt ist die zeitliche Entwicklung der ausgeflogenen Wanderfalken und Brutpaare in der ehemaligen DDR, wobei die autochthonen (ortsansässigen) Falken 1974 ausstarben. Erst durch das Auswilderungsprogramm des DFO konnte von 1982 wieder ein Bestand allein aus gezüchteten und ausgewilderten Exemplaren in den verwaisten Biotopen entstehen und sich entwickeln (verändert nach G. Kleinstäuber 1993).

unterstellten Tradition von Horstplätzen nur im Sinne einer Patrophilie – Nistplatztreue – innerhalb der Generationenfolge und/oder während einer kontinuierlichen Besetzung gesprochen werden kann. Durch das Aussterben der Ursprungspopulation wurde die Tradition unterbrochen, so daß die Nisthabitatwahl bei der Wiederbesiedlung durch andere Kriterien bestimmt werden mußte. Wahrscheinlich besitzen Wanderfalken z. T. ein angeborenes Schema zur Beurteilung der Nistplatzqualität.

Bei den Ansiedlungsentfernungen wird deutlich, daß die ausgewilderten Wanderfalken sich wie die autochthonen „Naturpopulationen" – soweit die vorläufigen Auswertungen das zulassen – bezüglich der Geburtsortstreue verhalten (starke „Geburtsorttreue"), wobei die weiblichen Vögel in der Regel eine geringere Neigung aufweisen, zurückzukehren, und sich in größeren Entfernungen ansiedeln können. Ferner scheinen Individuen, die in verwaisten Biotopen ausgewildert werden, sich im Durchschnitt

Ausgewilderte Wanderfalken *Falco peregrinus* 1977–1994

Wildflug		637
Ammenaufzucht durch:	Wanderfalke	36
	Habicht	34
	Turmfalke	5
	Bussard	7
	Seeadler	2
Ammenaufzucht insgesamt:		84
Gebäudeauswilderung		241
Felsenauswilderung		217
Baumhorstauswilderung		179
Insgesamt ausgewilderte Wanderfalken		721

weiter vom Auswilderungsort anzusiedeln als Exemplare aus intakten oder wachsenden Populationen. Durch dieses plastische Verhalten können einzelne Vögel als Gründerindividuen dienen, die in leeren Biotopen neue Populationen aufbauen. Da Umpaarungen außerdem häufig vorzukommen scheinen, kommt es zu stetigen Kontakten zu Teilpopulationen und damit zu einem kontinuierlichen Genfluß untereinander.

Ca. 70 % der ausgewilderten Falken werden zu Felsenbrütern, der Rest bezieht Kirchen und Industrieanlagen wie Kühltürme, Schornsteine u. a. von Kraftwerken. Interessant ist, daß in NRW die Wiederbesiedlung (ca. 18 Paare) entlang von Leitlinien, wie Rhein, Lippe und Ruhr, verläuft.

Die Ansiedlungsrichtung zeigt eine auffällige Tendenz nach Norden (sieht man von den Auswilderungen in Franken ab) in die wanderfalkenfreien Räume (z. B. von Hessen nach Berlin und in den Harz, vom Harz zur Nordsee).

Die Hauptzugrichtung bzw. die Richtung des Verstreichens im ersten Lebensjahr ist Südwest (Rückmeldungen hauptsächlich aus Frankreich) und stimmt mit der Richtung der subadulten (jungen, noch nicht geschlechtsreifen) Individuen der ehemals im Auswilderungsgebiet autochthonen (bodenständigen, heimi-

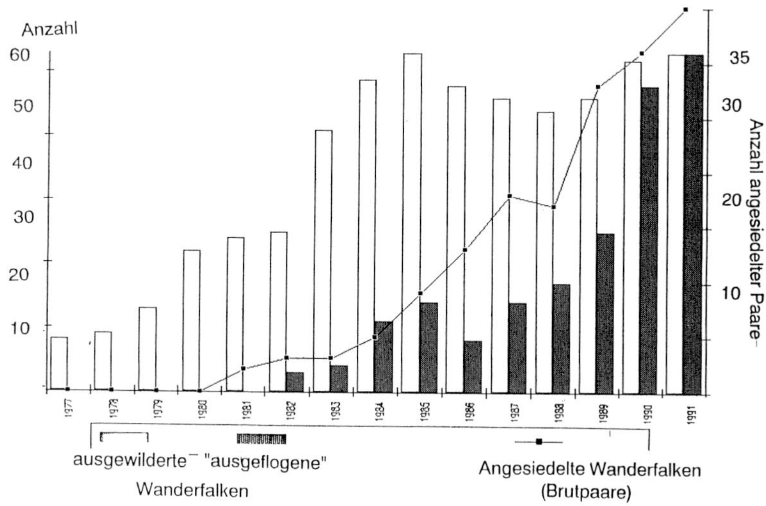

Bestandsentwicklung brütender Wanderfalken des DFO-Artenschutz- und Managementprogrammes.

schen) Wanderfalkenpopulation vor dem Pestizidcrash überein. Die weiteste Rückmeldung lag bei 750 km.

Eine Sonderstellung nimmt das Baumbrüterprojekt ein. Hier wird, in Zusammenarbeit mit dem „Arbeitskreis Wanderfalkenschutz“ e.V., aus speziellen „Baumhorsten“ oder durch Fremdadoption ausgewildert; denn die ausgestorbenen „Baumbrüter“ des Wanderfalken zeigten, wie der Name schon sagt , eine besondere Nisthabitat-Anpassung an felsenlose Waldlandschaften. Sie bezogen früher Horste mittelgroßer (Bussard, Habicht, Milan) bis großer Greifvögel (Seeadler, Fischadler).

Über eine Habitat- und Substratprägung (Nestprägung) in den ehemaligen Gebieten hoffte man diesen „Horstspezialisten“ wieder anzusiedeln. 1996 gelang der erste Erfolg: Nach fast 20 Jahren „des Ausgestorbenseins“ brütete ein aus gezüchteten und ausgewilderten Exemplaren gebildetes Paar drei Jungvögel in einem Milanhorst aus. Bis zum Aufbau einer sich selbsterhaltenden Population werden noch Jahre vergehen, aber entscheidend ist, daß die entwickelten sensiblen Methoden eine Artenschutzmaßnahme darstellen, die es erlaubt hat, eine erloschene „Öko-Art“ wieder in den ursprünglichen Lebensräumen anzusiedeln.

Ökologische Fachausdrücke

Altersgliederung = auf Populationen bezogene Angaben zur momentanen Geschlechts- und Alterszusammensetzung.

Alterspyramide = Altersgliederung einer wachsenden Population.

Artenschutz = Teilgebiet des Naturschutzes, das den Schutz einzelner Tier- und Pflanzenarten zum Ziel hat.

Autochthon (v. gr. autochthon = bodenständig) = am Fundort beheimatet, ursprünglich.

Bioindikatoren (v. gr. bios = Leben, v. lat. indicare = anzeigen) = Organismen, bei denen eine Beziehung besteht zwischen dem Grad der Belastung der Umwelt mit bestimmten Schadstoffen und dem Ausmaß der Schädigung (Umweltanzeiger). Greifvögel sind Indikatoren für persistente Schadstoffe.

Biotop (v. gr. bios = Leben, topos = Ort) = der Lebensraum (unbelebt) einer Lebensgemeinschaft aus Pflanzen und Tieren mit seinen typischen Umweltbedingungen.

Biozönose (v. gr. bios = Leben, koinonein = gemeinsam leben) = durch bestimmte Charakterarten gekennzeichnete, relativ einheitliche Lebensgemeinschaft von Pflanzen und Tieren (Summe aller Lebewesen in einem Biotop).

Emigranten (v. lat. emigrare = auswandern) = Auswanderer.

eutroph (v. gr. eutrophos = nahrhaft) = reich an Nährstoffen.

Fitness (Fitneß) (v. engl. fitness = Tauglichkeit) = Anpassungswert, Eignung, relative Überlebensrate; Begriff zur Beschreibung der Fähigkeit eines Organismus, möglichst häufig in der nächsten Generation vertreten zu sein bzw. den Beitrag, den ein Organismus zur nächsten Generation liefert.

Fluktuation (v. lat. = unruhige Bewegung) = unregelmäßige Schwankungen einer Population.

Geburtenrate (b) (v. engl. birth = b) = Anzahl der Geburten einer Population.

Generalist = Art, die in verschiedenen Lebensräumen und/oder mit unterschiedlicher Nahrung leben kann.

Genotyp (v. gr. genos = Geschlecht, Art; typos = Schlag, Form) = Gesamtheit der Erbanlagen eines Organismus.

Genpool (v. gr. gignesthai = werden entstehen; daraus: genes = entstanden, genos = Abstammung; v. engl. pool = Behälter) = Bezeichnung für die Gesamtheit der Variationen der Erbanlagen einer Population.

Gradation (v. lat. gradation = Stufenfolge, Steigerung) = Massenvermehrung, Gesamtheit der Vorgänge vor und nach extremer Steigerung der Populationsdichte.

Habitat (v. lat. habitare = bewohnen) = Aufenthaltsbereich einer Tier- oder Pflanzenart innerhalb eines Biotopes.

Immigration (v. lat. imigrare = einwandern) = Einwanderung von Individuen in eine Population.

Interspezifische Konkurrenz (v. lat. inter (Vorsilbe) = zwischen, unter, inmitten) = Wettbewerb verschiedener Arten untereinander.

Intraspezifische (= infra-)Konkurrenz (v. lat. intra- (Vorsilbe) = innerhalb, specificus = charakteristisch) = Wettbewerb der Artgenossen untereinander.

K-Strategen = Arten, die empfindlich auf die (sich ändernde) **Kapazität (K)** der Umwelt reagieren (mit Senken oder Erhöhen der Jungenzahlen).

Koexistenz (Coexistenz) (v. co- = zusammen, mit; existere = auftreten) = Möglichkeit zur dauerhaften, gemeinsamen Ansiedlung zweier oder mehrerer Arten im gleichen Lebensraum. Durch die evolutive Ausbildung unterschiedlicher ökologischer Nischen (Nischentrennung) wird intensive Konkurrenz der Arten untereinander vermieden und sorgt für Koexistenz im selben Biotop.

Kolonie (v. lat. colonia = Ansiedlung) = Ansammlung gleichartiger Individuen auf engem Raum zum Zwecke der Fortpflanzung oder gemeinsamen Lebensweisen.

Kontinental (v. lat. [terra] continens = zusammenhängendes [Land]) = den Kontinent betreffend, festländisch, unter dem Einfluß des Festlandes stehend.

Migration (v. lat. migrare = wandern) = Wanderung.

Nahrungskette = Aufeinanderfolge in der Ernährung voneinander abhängiger Organismen (Algen – Krebse – kleine Fische – Raubfische – Seeadler).

Nahrungsnetz = netzartig verknüpfte Nahrungsbeziehung zwischen Organismen in einem Ökosystem (verknüpfte N.-Ketten).

Nische = Position einer Art in einer Gemeinschaft von verschiedenen Arten, es ist kein Raum, sondern das System der Wechselbeziehungen zwischen Organismus und Umwelt.

Ökologie (v. gr. oikos = Haus, Hauswesen, logos = Kunde, Kenntnis) = Lehre vom Haushalt der Natur bzw. „die gesamte Wissenschaft von den Beziehungen des Organismus zur umgebenden Außenwelt" (Haeckel).

Ökologische Nische = Wechselbeziehung einer Art zwischen den biotischen und abiotischen (belebten und unbelebten) Faktoren der Umwelt. Sie kennzeichnet die „Planstelle" einer Art und bringt dadurch ihre Stellung im Naturhaushalt zum Ausdruck (es ist keine Nische im umgangssprachlichen Sinne, wie die Ecke eines Raumes).

Ökosystem = Biotop + Biozönose = das Beziehungsgefüge der Lebewesen untereinander und mit ihrem Lebensraum.

Oligotroph (v. gr. oligotrophos = wenig nährend) = nährstoffarm.

Opportunisten (v. lat. opportunus = bequem, passend) = Organismenarten, die jede Gelegenheit wahrnehmen, einen Lebensraum durch entsprechende Vermehrung zu nutzen (u. a. durch Nutzung leicht erreichbarer Nahrung).

Population (v. lat. populus = Volk, population = Bevölkerung) = Gesamtheit einer Organismenart in einem bestimmten Raum, die über mehrere Generationen genetisch miteinander verbunden sind = Fortpflanzungsgemeinschaft.

Populationsdichte (= Abundanz = Besiedlungsdichte = Individuendichte) = Anzahl der Individuen einer Organismenart in einem bestimmten Raum.

Populationsdynamik = Veränderung der Häufigkeit (Abundanz) und Verteilung (Dispersion) in einer Population. Die Ursachen der Dynamik liegen in den äußeren Bedingungen (z. B. Klima) und in der Population selbst (Geburtenrate, Sterberate, Zuwanderungsrate, Abwanderungsrate).

Prädatoren (v. lat. praedatores = die Räuber) = Räuber, Raubtiere = natürliche Freßfeinde einer Art.

R-Strategen = Arten, die z. T. unabhängig von der Kapazität der Umwelt reagieren (setzen auf hohe Nachwuchsrate, **r** = Reproduktionsrate, Vermehrungsrate).

Regelkreis (v. lat. regulare = regeln) = selbständige Regulierung, Regulierung durch negative Rückkopplung; ein Wirkprinzip, demzufolge etwaige Abweichungen von einem gegebenen Zustand, Wirkungen hervorrufen, die den Abweichungen entgegengesetzt sind und sie im Idealfall ausgleichen.

Reproduktion (v. lat. re- [Vorsilbe] = wieder, zurück; productio = Hervorbringung) = Fortpflanzung.

Reproduktionsrate (r) = Vermehrungsrate = Wachstumsrate = ist ein Maß für die Änderung einer Population pro Zeiteinheit. Sie setzt sich rechnerisch zusammen aus der Geburtenrate (b) [b = v. engl. birth = Geburt] minus der Sterberate (m) [m = v. engl. mortality, v. lat. mortalitas = Sterblichkeit] plus der Zuwanderer (I) [I = Immigranten] minus der Auswanderer (E) [Emigranten] : **r = b – m + I – E.**

Requisiten = Faktoren, die einen Biotop bzw. ein Habitat bestimmen.

Schlüsselart = Art, die Aussagen über die Qualität eines Ökosystems erlaubt.

Selektion (v. lat. selectio = Auswahl, Auslese) = Auslese, ein von dem Erscheinungsbild, der Merkmalsausprägung der Einzelwesen ausgehender Vorgang, der nicht alle Lebewesen an der Fortpflanzung erfolgreich beteiligen läßt.

Spezialist = Art, die einem Lebensraum und/oder einer Nahrung angepaßt ist.

Sterberate = Anzahl der Gestorbenen einer Population.

Streß (v. engl. stress = Druck, Beanspruchung) = Krankheitsbild (Syndrom), das eine körperliche Anpassung an unspezifische Reize darstellt, wobei eine allgemeine Mobilmachung der Verteidigungskräfte im Organismus zu beobachten ist.

Trophische Ebene (v. gr. trophe = Ernährung) = Ebene von Organismen gleicher Position in der Weitergabe und Aufnahme von Nährstoffen.

Falknerische Fachausdrücke

abspinnen = den Beizvogel mit einer „Spinnfeder" streicheln, um ihn zu beruhigen bzw. an die Berührung durch die Hand zu gewöhnen.

abtragen = den Beizvogel zähmen und für die Beizjagd abrichten.

abwerfen = den Vogel von der Faust abstreichen lassen.

Adoption = die Aufzucht junger Greifvögel durch Zieheltern, „Adoptiveltern".

Adreßtafel = Namensschild am Geschüh oder Ständer des Vogels.

angehen = wenn der Falkner sich dem auf der Beute stehenden Vogel vorsichtig nähert.

annehmen = den Beizvogel auf das Federspiel oder die Faust beireiten lassen und ihn festnehmen.

Anwarter = Ein Falke, der dressiert wurde, hoch über dem Falkner auf Beute zu warten.

Ästling = noch nicht voll ausgefiederter Greifvogel, der sich in der Nähe des Horstes aufhält (u. a. auf den Ästen).

Atzbrett = ein besonderer Platz in der Voliere, auf den das Fleisch gelegt wird.

Atzklaue = Klaue der vorderen Innenzehe.

Atzung = Nahrung der Beizvögel; blanke Atzung = Fleisch ohne gewöllbildende Stoffe (Knochen, Federn, Fell).

aufatzen = dem Vogel die für diesen Tag vorgesehene Atzungsmenge kröpfen lassen.

aufbräuen = die Augenlider mittels eines Fadens für einige Tage nach oben ziehen (in der europäischen Falknerei nicht üblich).

aufschirren = dem Vogel Geschüh, Adreßtafel, Drahle, Langfessel und Bells anlegen.

aufsteilen = wenn der Falke nach einem Fehlstoß die Geschwindigkeit des Jagdfluges abfängt und fast senkrecht in die Höhe gleitet.

aufstellen = einen Beizvogel anschaffen.

ausbrechen = wenn ein Falke aus dem Anwarten unabhängig vom Falkner jagt.

aushorsten = einen Jungvogel aus dem Nest nehmen.

Aylmeri Geschüh = Ösenmanschetten an den Ständern. Durch die Ösen werden kleine Riemchen mit einem Schweineschwanzknoten gezogen. Bei der Beize mit dem Falken werden sie entfernt, bei Habichten gegen Riemchen ohne Schlitze ausgetauscht (Wurffessel).

Badbrente = Badeschüssel des Beizvogels (Brente).

Balg = ausgestopftes Fell als Beuteattrappe für Habicht, Rotschwanzbussard, Harris' Hawk (Wüstenbussard) oder Adler.

ballieren = ein auf dem Block oder der Faust stehender Vogel, der mit den Schwingen schlägt.

beireiten = den Vogel zur Faust oder Federspiel fliegen lassen.

Beizjagd (Beize) = Jagdausübung mit abgerichteten Greifvögeln.

Beizvogel = zur Jagd abgerichteter Beizvogel.

Bell (der) = Glöckchen am Fang eines Beizvogels.

besprengen = den Beizvogel mit Wasser bespritzen, um ihn zu beruhigen.

binden = greifen und festhalten der Beute durch den Falken (als Alternative zum „Niederschlagen" des Wildes durch den Falken).

blaujagen = wenn der Falke unabhängig vom Falkner jagt.

Cadge = „Trage", Transportgestell für mehrere verkappte Falken, das vom Falkner auf der Beize getragen wird.

Block = Holzblock als Stehplatz des Falken oder Adlers.

Bruck = Unterschwanzdecken.

Dach = Rücken des Beizvogels.

Drahle = drehbarer Doppelwirbel aus Metall, der beide Geschühriemen mit der Langfessel verbindet und ein Aufdrehen verhindert.

Durchgänge = Fehlstöße auf das Federspiel oder Wild – ein Falke gibt Durchgänge, wenn er vom Falkner auf das Federspiel geflogen und dadurch trainiert wird.

einstellen = den Beizvogel an eine bestimmte Beute gewöhnen.

enthauben = die Haube abnehmen.

Fahne = Federstrahlen der Feder beiderseits des Federkiels.

Fang = Fuß von Adler, Habicht, Sperber.

Fangklaue = Kralle an der Hinterzehe des Greifvogels.

Faustfalke = Falke, der direkt von der Faust aus die Beute angreift und entsprechend abgetragen wurde.

Federspiel = Beuteattrappe in der Regel aus einem Lederköder, der mit den Flügeln des Beutetieres versehen ist; dient als Trainings- und Lockmittel.

Fesseln = Geschüh und Langfessel.

Finger = Zehen des Falken.

Flaggen = Schulterfedern.

fliegen = der Falkner fliegt den Vogel auf der Beize (aktiv).

Flügel = „Kalter Flügel" = knochiger, sehniger Flügel mit geringem Fleischanteil, der während des Abtragens oder zur Beruhigung gereicht wird.

Freie Folge = der dem Falkner im Wald von Baum zu Baum begleitende Habicht oder Adler.

Geschüh = Lederriemchen an den Ständern des Beizvogels, zum Festhalten auf der Faust oder Befestigen am Block, Sprenkel, Reck u. a. mit Hilfe der Langfessel.

Gewölle = Speiballen aus unverdaulichen Federn, Knochen, Haaren und Hornteilchen (Krallen, Schnabel), die der Greifvogel nach Beendigung der Verdauung hochwürgt und ausschleudert.

Grimale = Lückenhafte Querlinien in den Federn, die durch Streß hervorgerufen werden.

grimmen = das Kneten von Habicht und Adler auf der Beute oder dem Handschuh, ausgelöst durch akustische oder mechanische Reize.

Hagard = im Alterskleid gefangener Beizvogel.

Halteklauen = Krallen der Mittel- und Außenzehen.

Hand = Fuß des Falken.

Handschwingen = die 10 Großfedern am Handskelett des Flügels (Schwungpennen = Pennen).

Haube = eine Kappe aus Leder, die dem Vogel aufgesetzt wird und ihm die Augen verdeckt.

herunternehmen = das Körpergewicht reduzieren.

hoch sein = ein der Größe des Vogels entsprechendes hohes Gewicht.

hochnehmen = das Körpergewicht erhöhen.

Hosen = Gefieder an den Unterschenkeln.

Hungermale = s. Grimale.

Jagdkondition = Jagdform, körperlicher Zustand des Beizvogels während der Jagdsaison.

Jerkin = männlicher Gerfalke.

Klauen = Hornkrallen am letzten Zehenglied.

kleben = der Vogel entfernt sich nicht vom Falkner.

Kondition = die momentane körperliche Verfassung des Beizvogels.

Kropf = 1. Anatomisch gesehen der dehnungsfähige Teil der Speiseröhre zur Speicherung der Nahrung. 2. Falknerisch – **halber Kropf,** der

Kropf ist halb gefüllt, ganzer, **voller Kropf,** der Kropf ist prall, gespannt und maximal gefüllt.

kröpfen = Fressen des Beizvogels.

Kunsthorst = künstlicher Horst (Nest) zur Aufzucht von jungen Greifvögeln.

Kurzfessel = ca. 20 cm langer Lederriemen, mit 2 Schlitzen, der zwischen Geschüh und Langfessel mittels zweier Drahlen befestigt wird (Habichtshaltung auf der „Hohen Reck").

lahnen = Bettelrufe junger Greifvögel (bei Fremdprägung auch von adulten Beizvögeln zu hören).

Lange Penn = die längste, 9. Handschwinge bei Falken.

Langfessel = ein ca. 1 bis 1,5 m langer Lederriemen (auch Perlonschnur), der über eine Drahle mit dem Geschüh verbunden ist und dem Anlegen des Beizvogels an Block, Sprenkel, Flugdrahtanlage oder Reck dient.

Lanneret = männlicher Lannerfalke.

Lapard = zu Beginn des zweiten Kalenderjahres gefangener Greifvogel im Jugendkleid.

leiten = (Führen) Wegtragen der Beute von dem Beizvogel.

lockemachen = Zähmen des Beizvogels.

Lockschnur = eine leichte Schnur, die dem noch nicht voll abgetragenen Beizvogel während der Beireiteübungen zur Sicherung angelegt wird.

lüften = das morgendliche Auf-den-Rasen-Stellen des Beizvogels zum Sonnen und Baden.

manteln = Abdecken der Beute mit gespreiztem Flügel und Stoß gegenüber Artgenossen oder Menschen.

Mesken = die 4 Daumenfittiche des Flügels.

Nestling = Jungvogel, der sich noch im Horst „Nest" befindet.

Pennen = Bezeichnung der jeweils 10 Handschwingen und 12 Stoßfedern.

purgieren = dem Greifvogel Medikamente eingeben, die zu Erbrechen oder Durchfall führen.

Reck (die) = waagerechte Sitzstange zum Aufstellen von Beizvögeln (Hohe Reck = Reck in Brusthöhe).

Recktuch = ein unterhalb der Reck angebrachtes Tuch, das ein Aufschwingen des abgesprungenen Beizvogels erlaubt und ein Verwikkeln verhindert.

ringholen = das Kreisen des Beizvogels – in der Regel des Falken.

Rotfalke = Falke im Jugendkleid vor der ersten Mauser. Das Gefieder kann mehr oder weniger rot-braun sein.

Rothabicht = Habicht im Jugendkleid vor der ersten Mauser. Das Gefieder kann mehr oder weniger rot-braun sein.

Rundreck = „Waller-Reck" – kreisförmig geschlossene waagerechte Sitzstange mit Recktuch, die dem Greifvogel viel Bewegungsfreiheit bietet.

Sakret = männlicher Sakerfalke.

Säule = die äußerste 10. Handschwinge (HS), die als einzige HS nach einer Einkerbung kurz vor dem Spitze eine verschmälerte, parallel zum Schaft verlaufende Innenfahne hat.

schiften = Reparatur einer gebrochenen Feder, oft m. H. einer beidseitig zugespitzten „Schiftnadel".

schlagen = Ergreifen der Beute durch den Greifvogel.

Schmelz = Ausscheidungen der Greifvögel.

Schleppe = totes Beutetier oder Beuteattrappe (Balg), die mit einer Schnur über den Boden gezogen werden, um den Beizvogel zum Kommen zu veranlassen, z. T. auch zum „Einjagen" verwendet.

schöpfen = Trinken des Beizvogels.

schweimen = das unkontrollierte Segeln in großen Höhen, insbesondere unter Thermikbedingungen.

Schwingen = Flügel der Greifvögel.

spitz = Greifvogel, dessen Brustbein durch Rückbildung der Brustmuskulatur deutlich hervortritt und zu fühlen ist.

Sprenkel = bogenförmige, niedrige Sitzstange für Beizvögel.

springen = wiederholtes Abspringen von der Faust oder dem Sprenkel bzw. Block aus unbekannter Ursache, Unruhe oder Angst.

Sprinz = männlicher Sperber.

Staart, Stoß = Schwanz des Beizvogels.

steinen = das Geben von kleinen Steinen auf nüchternem Magen, die später als „Stein-Gewölle“ geworfen werden. Tragen zum Gesundheitszustand des Vogels bei und fördern die Jagdbereitschaft.

Spickbänder = **Bänder** am Federspiel, die der Befestigung der Lockatzung dienen.

Staudfedern = besonders feine Federn in der Umgebung der Bürzeldrüse (Schwanzwurzel).

stehen = Beizvögel stehen (auf der Faust, Reck etc.), sie sitzen nicht.

Terzel = das bei vielen Greifvögeln um ein Drittel kleinere Männchen.

Trosch = Federbusch auf der Haube.

tief sein = der Größe des Vogels entsprechend ein geringes Gewicht.

tragen = „abtragen“, durch Tragen in Verbindung mit Atzung wird der Vogel gezähmt.

trocken = die Federn haben ihre volle Länge erreicht und wachsen nicht mehr, Blutkiele sind nicht mehr zu sehen.

Unterkondition = durch Atzungsentzug und/oder Überanstrengung geschwächter Beizvogel, der jagdlich nicht eingesetzt werden kann.

verbinzt = abgenutzte/verschlissene, gebrochene und abgestoßene Federn.

verdrucken = das Pressen der Atzung vom Kropf in den Magen.

verhauben = (verkappen) dem Greifvogel die Haube (Kappe) aufsetzen.

verstoßen = der Beizvogel geht auf der Jagd – in der Regel hinter Wild – verloren; der Begriff meint nicht das Wegfliegen eines noch nicht oder nicht richtig abgetragenen Beizvogels.

verwerfen = Ausbrechen der Atzung.

Vorlaß = Anbieten lebender Beutetiere.

Wachshaut = unbefiederte Hautpartien zwischen Schnabel und Kopfgefieder, in dem sich auch die Nasenlöcher befinden.

Wannen = Federn des Armskeletts (Armschwingen).

wässern = Einlegen von Fleisch in Wasser, damit der Atzung Nährstoffe entzogen werden.

Weib = der weibliche Beizvogel (auch wenn nur der Artname genannt wird).

Wildfang = im ersten Kalenderjahr gefangener Beizvogel im Jugendkleid.

Wildflug = der mehr oder weniger kontrollierte Freiflug von jungen, zukünftigen Beizvögeln oder eine Artenschutztechnik zur Auswilderung gezüchteter Greifvögel.

Zieget = ein gutes Stück Atzung zur Belohnung oder zum Aufatzen des Beizvogels (im Gegensatz zum „Kalten Flügel“).

Ziliatur = feiner Seidenfaden oder Pferdehaar zum Aufbräuen der Falken.

Literatur

Bednarek W. (1975): Vergleichende Untersuchungen zur Populationsökologie des Habichts *(Accipiter gentilis):* Habitatbesetzung und Bestandsregulation. Jb. Dtsch. Falkenorden 1975: 47-53.

Bednarek, W. (1986): Beziehungen zwischen Kleptoparasitismus, Klimafaktoren und Nahrungsnische des Baumfalken *(Falco subbuteo).* Jb. Dtsch. Falkenorden 1986: 43-46.

Bednarek, W. (1987): Die Greifvogelzucht: Ergebnisse, Methoden, Techniken. Jb. Dtsch. Falkenorden: 15-22.

Bednarek, W. (1988): Sind ausgewilderte Falken „fehlgeprägt“? Greifvögel und Falknerei 1988, Neumann-Neudamm, Melsungen.

Bednarek, W. (1993): Home Range, Habitate Use and Daily Activities of Three Radio-tagged Male Goshawks *Accipiter gentilis* During Breeding-Season (a telemetry study). Hawk & Owl Trust/Raptor Res. Found. 1993. First European Meeting. Canterbury: 11.

Bednarek, W., Ch. Saar & G. Trommer (1993): Results and Future Plans of a Successful Reintroduction Programme of Peregrine Falcons *Falco peregrinus peregrinus* in Germany. Hawk & Owl Trust/Raptor Res. Found. 1993, First European Meeting, Canterbury: 17.

Bednarek, W., W. Hausdorf, U. Jörissen, E. Schulte & H. Wegener (1975): Über die Auswirkungen der chemischen Umweltbelastung auf Greifvögel in zwei Probeflächen Westfalens. J. Orn. 116: 181-194.

Beebe, F.L. & H.M. Webster (1989): North American Falconry and Hunting Hawks. North American Falconry and Hunting Hawks, Denver, Colorado.

Bezzel, E. (1985): Kompendium der Vögel Mitteleuropas: Nonpasseriformes – Nichtsingvögel. Aula, Wiesbaden.*

Bijlsma, R. (1989): Goshawk *Accipiter gentilis* and Sparrowhawk *Accipiter nisus* in the Netherlands during the 20th century. In Lumeij, J.T., Hyskens, W.P.F. & N.C. Michielsens: Valkerij in Perspectief, Sympossiumcommissie Nederlands Valkniersverbond „Adrian Mollen“ / Stichting Behoud Valkerij, Monnickendam 1989.

Bijlsma, R.G. (1993): Ecologische atlas van de roofvogels van Nederland. Schujt & Co., Harlem.

Bijlsma, R. (1980): De Boomvalk. Kosmos., Amsterdam, Antwerpen.

Brauneis, W. (1996): Der Wanderfalke in Mitteldeutschland – gelungene Wiederansiedlung durch ein Auswilderungsprojekt –. Schriften des Werratalvereins Witzenhausen. Heft 31: pp. 44.

Brown, L.H. (1979): Die Greifvögel. Ihre Biologie und Ökologie. Parey, Hamburg und Berlin.

Brüll, H. (1984): Das Leben europäischer Greifvögel. 4. Auflage. Fischer, Stuttgart, New York.

Cade, T.J. (1982): The Falcons of the World. Collins, London.

Döttlinger, H. (1993): Breeding Attempts with the Goshawk (Accipiter gentilis). British Falconers Club, Newsletter: 19–23.

Ellenberg, H. (1981): Greifvögel und Pestizide. Ökologie der Vögel 3, Sonderheft.

Fox, N. (1996): Understanding the Bird of Prey. Hancock House, Surrey, B.C, Canada.

Friemann, H. (1985): Unser Wissen über Habicht und Mäusebussard und über ihren Einfluß auf Niederwildbestände. Vogel und Umwelt 3: 257–332.

Fiuczynski, D. (1987): Der Baumfalke (Falco subbuteo). 2. Auflage, Ziemsen, Wittenberg.

Gensbol, B. & W. Thiede (1991): Greifvögel. 2. Auflage. – BLV, München, Wien, Zürich.*

Glutz von Blotzheim, Bauer & Bezzel (1971): Handbuch der Vögel Mitteleuropas, Band 4. Aula, Wiesbaden. *

Hantge, E. (1980): Untersuchungen über den Jagderfolg mehrerer europäischer Greifvögel. Journal f. Ornithologie 121: 200–207.

Hayman, P. (1992): Birdwachter's Pokket Guide. Mitchell Beazley, London

Heidenreich, M. (1996): Greifvögel. Krankheiten – Haltung – Zucht. Blackwell, Wien.

Hepp, K., Schilling, F. und P. Wegner Hrsg. (1995): Schutz dem Wanderfalken. 30 Jahre Arbeitsgemeinschaft Wanderfalkenschutz (AGW) – eine Dokumentation. Beih. Veröff. Naturschutz Landespflege Bad.-Württ., 82: 1–392.

Kalchreuter, H. (1981): The Goshawk (Accipiter gentilis) in Western Europe. In: Understanding the Goshawk [R. E. Kenward & I, M. Lindsay (eds.)] The International Association for Falconry and the Conservation of Birds of Prey

Kostrzewa, R. & A. Kostrzewa (1993): Der Turmfalke. Aula, Wiesbaden.

Kostrzewa, A. & G. Speer, Hrsg. (1994): Greifvögel in Deutschland. Aula, Wiesbaden.*

Looft, V. & G. Busche (1981): Vogelwelt Schleswig-Holsteins, Band 2: Greifvögel. Wachholtz, Neumünster.

Love, A. J. (1989): Eagles. Whitter Books, London.

März, R. (1987): Gewöll- und Rupfungskunde, 3. Aufl., neu bearbeitet von K. Banz. Akademie, Berlin.

Mebs, Th. (1994): Greifvögel Europas. Biologie – Bestandsverhältnisse – Bestandsgefährdung. Franckh, Kosmos, Stuttgart. 2. Aufl.*

Meyburg, B.-U. (1981): Notwendigkeiten und Möglichkeiten des Populationsmanagements bei Greifvögeln. Ökologie der Vögel 3: 317–334.

Newton, I. (1979): Population Ecology of Raptors. Poyser, Berkhamsted.

Newton, I., P. Olsen & T. Pyrzakowski, Hrsg. (1990): Greifvögel. Entwicklung, Biologie und Verbreitung. Jahr, Hamburg.

Ortlieb, R. (1987): Die Sperber. Ziemen, Wittenberg Lutherstadt.

Pielowski, Z. (1993): Die Greifvögel. Neumann-Neudamm, Morschen/Heina.

Porter, R. F., Willis, I., Christensen, St. & B. P. Nielsen (1981): Flight Identification of European Raptors. 3. Auflage. Poyser, Berkhamsted.

Ratcliffe, D. (1993): The Peregrine Falcon, sec. Ed. Poyser, London.

Reichholf, J. (1987): Leben und Überleben. Mosaik, München.

Rockenbauch, D. (1975): Zwölfjährige Untersuchungen zur Ökologie des Mäusebussards *(Buteo buteo)* auf der Schwäbischen Alb. J. Orn. 116: 39–54.

Saar, Ch., Trommer, G. & W. Hammer (1982): Der Wanderfalke. Bericht über ein Artenschutzprogramm – Methoden, Ziele und Erfolge. Deutscher Falkenorden, Bonn.

Saar, Chr. (1988): Reintroduction of the Peregrine Falcon in Germany. In Cade, T. J., Endersond, J. H., Thalander, C. G. & C. M. White (eds.): Peregrine Falcon Population – Their Management and Recovery. The Peregrine Fund, Boise.

Saar, Ch. (1989): Zucht und Auswilderung des Wanderfalken – ein Beitrag zum Artenschutz? In: Horn, H.G. (Ed.): Erfolge und Probleme bei der Zucht von Wildtieren in menschlicher Obhut. Bericht von einem Internationalen Symposium in Bad Honnef im Dezember 1987. BNA, Köln.

Saar, Chr. (1994): Wanderfalken – Auswilderungsbericht. Greifvögel und Falknerei 1994. Neumann-Neudamm, Morschen/Heina.

Seitz, S. & P. Havelka (1991): Schützen wir unsere Greifvögel. Landesanstalt für Umweltschutz Baden-Württemberg. Karlsruhe.

Sherrod, St. K., Heinrich, W. R., Burnham, W. A. Barcley, J. H. & T. J. Cade (1982): HACKING: A Method for Releasing Peregrine Falcons and Other Birds of Prey. The Peregrine Fund, Ft. Collins, Ithaca, Santa Cruz.

Shrubb; M. (1993): The Kestrel. Hamlyn, London.

Stubbe, M. (1987): Populationsökologie von Greifvogel- und Eulenarten. Band 2. Halle (Saale).

Trommer, G. (1983): Greifvögel. Lebensweise, Schutz und Pflege der Greifvögel und Eulen. 3. Auflage. Ulmer, Stuttgart..

Uttendörfer, O. (1952): Neue Ergebnisse über die Ernährung der Greifvögel und Eulen. Ulmer, Stuttgart.

Village, A. (1960): The Kestrel. Poyser, London.

Village, A. (1992): Falcons. Whittet Books, London.

Waller, R. (1982): Der wilde Falk ist mein Gesell. Ein Leben mit Falk und Habicht. 4. Aufl. bearb. von H. Niesters. Neumann-Neudamm, Melsungen, Berlin, Basel, Wien.

Weaver, J. D. & T. J. Cade, eds. (1983): Falcon Propagation – A Manual on Captive Breeding. The Peregrine Fund. Ithaca, Ft. Collins, Santa Cruz.

Weick, F. (1980): Die Greifvögel der Welt. Parey, Hamburg und Berlin.

Weidensaul, S. (1996): Raptors – The Birds of Prey. An Almanac of Hawks, Eagles and Falcons of the World. Swan Hill Press, Shrewsbury.

---

* = Angaben über Siedlungsdichten, Bestandszahlen und Reproduktionszahlen wurden hauptsächlich aus diesen Büchern entnommen.

Stichwortverzeichnis

Deutsche und wissenschaftliche Namen

Greifvogelschutzverbände

Weltarbeitsgruppe für Greifvögel
und Eulen e. V.
Wangenheimerstraße 32
14193 Berlin

Naturschutzbund Deutschland e. V.
Herbert-Rabius-Straße 26
53225 Bonn

Deutscher Falkenorden
Bund für Falknerei, Greifvogelschutz
und Greifvogelkunde e. V.
Schillerstraße 22
72666 Neckartailfingen